TABLES

POUR FACILITER LES CALCULS

DES

PROBABILITÉS SUR LA VIE HUMAINE

Paris. — Imp. de Pommeret et Moreau, 42, rue Vavin.

TABLES

POUR FACILITER LES CALCULS

DES

PROBABILITÉS SUR LA VIE HUMAINE

TELS QUE

RENTES VIAGÈRES, ASSURANCES, ETC.,

D'après les lois de mortalité de **Déparcieux**, de **Duvillard**, et d'une moyenne entre ces lois;

SUIVI D'UN

APPENDICE

QUI FAIT VOIR QUE L'ANNUITÉ NÉCESSAIRE AU REMBOURSEMENT DES EMPRUNTS FAITS EN ACTIONS OU OBLIGATIONS ET PAR TIRAGE AU SORT,

Peut être traitée comme les probabilités sur la vie.

PAR A.-P. VIOLEINE,

Chevalier de la Légion-d'Honneur, ancien Chef de Bureau au Ministère des Finances,

AUTEUR DES TABLES D'INTÉRÊTS, D'AMORTISSEMENT,

Et de plusieurs ouvrages sur les opérations industrielles.

SE VEND

A VAUGIRARD, 115, GRANDE-RUE, CHEZ L'AUTEUR;

ET A PARIS,

CHEZ MALLET-BACHELIER, GENDRE ET SUCCESSEUR DE BACHELIER,

Imprimeur-Libraire

DU BUREAU DES LONGITUDES, DE L'ÉCOLE IMPÉRIALE POLYTECHNIQUE,

QUAI DES AUGUSTINS, 55.

1859

ERRATA.

N° 23. Prenez col. Z, *lisez :* col. S.

La ligne d'après col. S, *lisez :* col. Z.

Page 13, 6° en remontant, $-S_a$, *lisez :* $-S_x$.

Page 15, formule du n° 43, $+\frac{S_x-1}{b}$ *lisez :* $-\frac{S_x-1}{b}$.

Page 25, n° 36, $R=\frac{p(S_a-S_x)}{S_a}$ *lisez :* S_x au dénominateur.

Page 26, au dénominateur de la formule du n° 58, *lisez :* $y+1$ au lieu de y.

Id. ligne 7 en remontant col. S, à 54 ans, *lisez :* col. S, à 55 ans.

Id. id. au lieu de 23970,9195, *lisez :* 21968,3019.

Id. id. au lieu ne 58,86, *lisez :* 64 fr. 22.

Page 31, ligne 4, au lieu de Table XII, *lisez :* Table XXII.

Page 40, dans la formule, au lieu de $\Sigma_x\ (x-a)\ S_x$, *lisez :* $\Sigma_x-(x-a)\ S_x$.

Page 47, ligne 2, en remontant, au lieu de résultant, *lisez :* résultent.

Table VII, au lieu de 3 ½ % *lisez :* 1 ½ %.

Page 40, Table H, au lieu de $S_1=28459227{,}7639$, *lisez :* $S_1=28450344{,}6364$.

Id. id. au lieu de $SD_1=3411326{,}1062$, *lisez :* $SD_1=3412756{,}1100$.

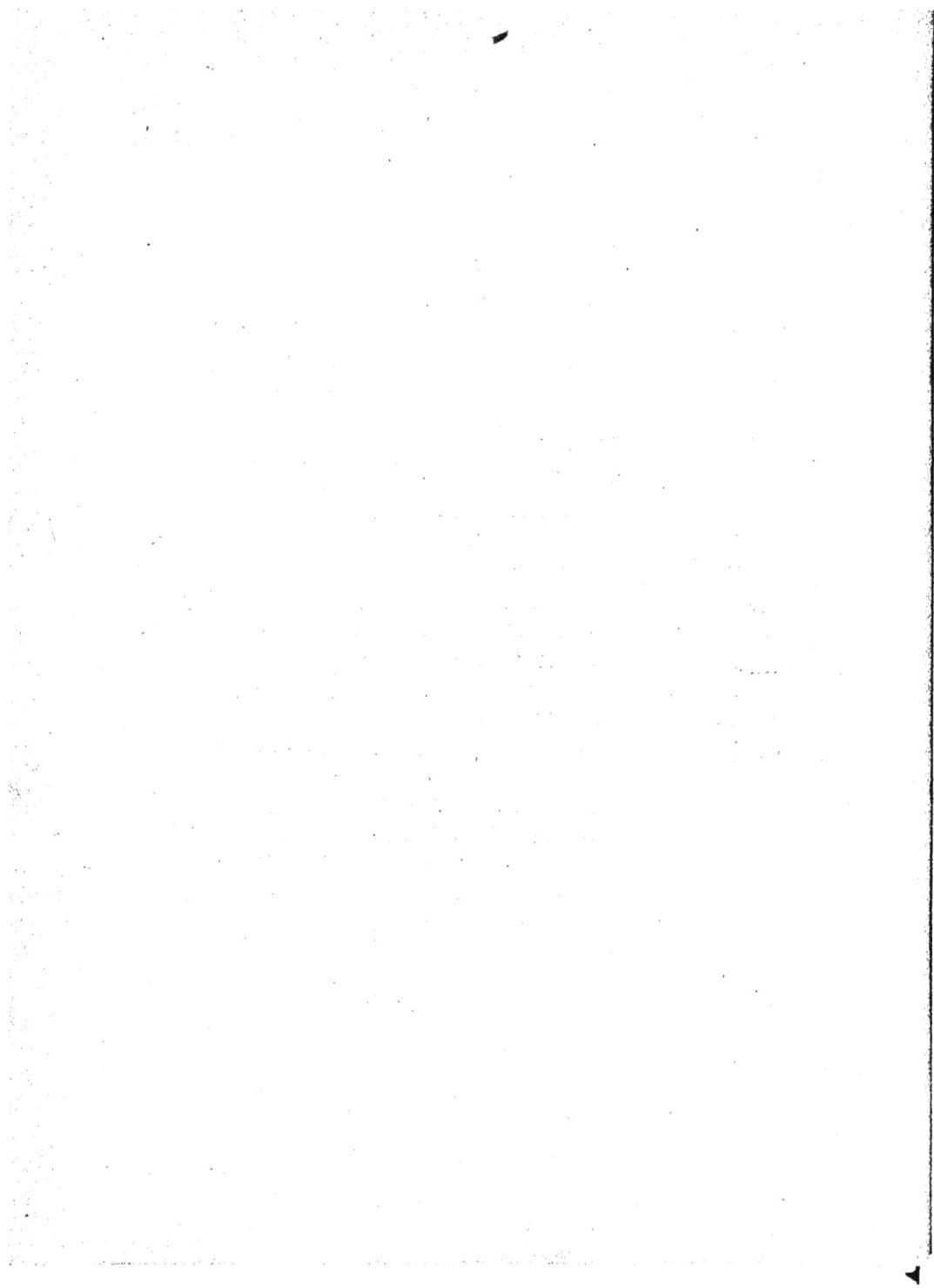

PRÉFACE.

J'ai publié précédemment des tables d'intérêts, d'amortissement, etc., etc., dont l'emploi est devenu presque général dans les administrations financières et industrielles. Encouragé par les personnes qui se servent habituellement de mon ouvrage, j'ai pensé qu'une série de tables propres à calculer les rentes viagères, les annuités viagères, les assurances, etc., etc., pourraient être utiles aux personnes qui se livrent à ce genre d'opérations.

En France nous avons seulement deux tables de mortalité : l'une par *Déparcieux*, l'autre par *Duvillard*. La première, établie vers 1740 avec des têtes choisies, donne une *mortalité lente;* la seconde, faite en 1787 avec des têtes prises indistinctement, donne une *mortalité rapide*. Déparcieux convient aux rentes viagères et Duvillard aux assurances. On conçoit que la mortalité lente convienne aux rentes viagères, car alors on donne moins de rente pour chaque cent francs reçus. Par exemple, d'après Déparcieux, on trouve, table VI, qu'à 55 ans on doit donner 9 fr. 76 c. %, l'argent rapportant 5 %. Si, au contraire, on se sert de Duvillard (22), on trouve 11 fr. 13 c.

Lorsqu'il s'agit d'assurance en cas de mort, Duvillard est employé, parce qu'alors il faut payer une somme de... en cas de décès, et la prime reçue est plus forte. Par exemple : l'argent devant rapporter 5 %, une personne âgée de 55 ans veut assurer 100 fr. à ses héritiers, quelle prime devra-t-elle verser? D'après Déparcieux (116), 46 fr. 46 c., et, d'après Duvillard, 52 fr. 46 c.

Je n'indique ici que les rentes viagères et les assurances ; on comprend que chaque combinaison donne lieu au choix de telle ou telle table.

J'ai pris les taux 3, 3 ½, 4, 4 ½ et 5 % : ce sont les cinq premières tables.

La VI (page 6) indique la somme de rente que l'on donne par an pour 100 fr., lorsque l'argent rapporte un intérêt de 3, 3 ½, 4, 4 ½ et 5 %.

Par la même raison j'ai calculé les tables pour les semestres à 1 ½, 1 ¾, 2, 2 ¼ et 2 ½ %. Ces tables sont les VII, VIII, IX, X et XI. — La XIIe fait connaître la somme que l'on doit donner par semestre pour 100 fr. placés à un des taux ci-dessus.

Le trésor payant les arrérages échus depuis le décès, j'ai calculé la table XII (*bis*), qui donne la somme semestrielle à payer pour cent francs, et dans cette hypothèse.

Les cinq tables suivantes sont faites d'après la loi de mortalité de Duvillard, et par année.

Quelques sociétés particulières se servent d'une table moyenne entre les deux auteurs que j'ai cités. J'ai aussi calculé cinq tables pour cette dernière catégorie.

Je n'ai pas cru devoir m'occuper des tables de mortalité de pays étrangers, par la raison que la mortalité ne peut pas suivre la même marche en France que dans les autres pays où on les a établies.

Les tables donnent des résultats rigoureux ; je veux dire qu'une compagnie d'assurances n'aurait aucun avantage, et que nécessairement elle doit avoir un bénéfice pour couvrir ses frais d'administration. Elle devra donc diminuer ou augmenter les résultats qu'elle obtiendra de manière à réaliser les bénéfices qu'elle jugera convenable de faire. Il n'en est pas de même de MM. les notaires, auxquels on paye le coût de leur acte, et qui ne retirent aucun profit autre que celui-là. La table VI pourra leur être très-utile.

J'ai pensé qu'il serait utile à certaines administrations de faire voir que le calcul de l'annuité pour le remboursement des emprunts par tirage au sort peut être traité comme celui des probabilités sur la vie humaine.

Pour donner un moyen de contrôle, j'ai ajouté des formules qui, à l'aide de mes Tables d'intérêts, donneront la méthode la plus sûre de se contrôler.

FORMATION DES TABLES AUXILIAIRES.

1. Les calculs de *rentes viagères, d'assurances, etc.*, reposent sur les probabilités. Le calcul des probabilités exigent des connaissances spéciales, principalement pour les personnes qui établissent les tables de mortalité. Quant à l'application de ces tables aux combinaisons qui se présentent le plus fréquemment, je vais essayer de les mettre à la portée du plus grand nombre, comme je l'ai fait pour les calculs d'intérêts, d'amortissement, etc. La connaissance des quatre règles de l'arithmétique suffira pour résoudre une infinité de problèmes. Quelques notions d'algèbre faciliteront la formation des formules.

2. Soit r le taux de l'intérêt qui sert de base à la table auxiliaire que l'on veut établir; je ferai $1+\frac{r}{100}=b$. En sorte que la valeur d'une somme A, placée au commencement de l'année, vaudra Ab à la fin de la première année; Ab^2 à la fin de la seconde, etc.

3. Il s'ensuit qu'une somme D, payable à la fin de la première, de la seconde, de la troisième, etc. année, vaudra maintenant $\frac{D}{b^1}$ $\frac{D}{b^2}$ $\frac{D}{b^3}$ etc., c'est ce qu'on nomme la *valeur actuelle*.

4. Soit N_{89} le nombre de personnes âgées de 89 ans dans la table de mortalité que l'on a choisie; soit P la somme que verse chaque personne de 89 ans, pour obtenir une rente viagère R à la fin de l'année et des années suivantes; la somme totale versée par les survivants âgés de 89 ans sera PN_{89}, et, à la fin de l'année, elle vaudra $PN_{89}b$; mais à cette époque, on payera la rente R aux survivants de 90 ans, ou à N_{90} survivants. Ce sera RN_{90}; en sorte qu'il restera en caisse $PN_{89}b - RN_{90}$.

Mettant ce reste à intérêt, il vaudra (2) $PN_{89}b^2 - RN_{90}b$; mais on aura à payer la rente R aux survivants de l'âge de 91 ans, ou à N_{91} survivants; on payera donc RN_{91}. Retranchant la somme payée du reste $PN_{89}b^2 - RN_{90}b$, on aura en caisse $PN_{89}b^2 - RN_{90}b - RN_{91}$.

En suivant la même marche, on trouvera :

$PN_{89}b^3 - RN_{90}b^2 - RN_{91}b - RN_{92} =$ reste à la fin de la troisième année.

$PN_{89}b^4 - RN_{90}b^3 - RN_{91}b^2 - RN_{92}b - PN_{93} =$ reste à la fin de la quatrième année.

$PN_{89}b^5 - RN_{90}b^4 - RN_{91}b^3 - RN_{92}b^2 - RN_{93}b - RN_{94} =$ reste à la fin de la cinquième année (1).

Si on se sert de la table de mortalité de Déparcieux, dans laquelle la limite de la vie est

(1) On remarquera que l'âge d'un groupe ajouté à l'exposant de b fait toujours 94 ou la limite de la vie : $N_{89}b^5$ donne $89 + 5 = 94$. $N_{92}b^2$ donne $92 + 2 = 94$.

94 ans, il est clair que ce dernier résultat devra égaler zéro, car la recette exprimée par $PN_{89}b^5$ sera compensée par la dépense $RN_{90}b^4+RN_{91}b^3+RN_{92}b^2+RN_{93}b+RN_{94}$, et qu'à 95 ans il n'existe plus de survivants.

5. Nous aurons donc $PN_{89}b^5-RN_{90}b^4-RN_{91}b^3-RN_{92}b^2-RN_{93}b-RN_{94}=0.$

ou $$PN_{89}b^5=R(N_{90}b^4+N_{91}b^3+N_{92}b^2+{}_{93}b+N_{94}).$$

ou $$PN_{89}b^5=R(N_{94}+N_{93}b+N_{92}b^2+N_{91}b^3+N_{90}b^4)^*.$$

Sous cette forme, il est facile de voir que le nombre de survivants de 94 ans est multiplié par 1 ou b^0 ; que celui de 93 ans l'est par b, celui de 92 ans par b^2, etc., en sorte que si l'on écrit dans une première colonne (a) tous les âges, en commençant par le plus élevé et qu'on aille toujours en diminuant d'une unité, on arrivera à la naissance... Je nomme *âges* cette colonne. (Voir les tables auxiliaires.)

Dans la seconde colonne, je mettrai les nombres de survivants à chaque âge, je désignerai cette colonne par Na; je les multiplierai par 1, par b, par b^2, par b^3, etc., et j'inscrirai les produits dans une troisième colonne, appelée Za.

6. La formule ci-dessus deviendra donc $PZ_8=(Z_{94}+Z_{93}+Z_{92}+{}_{91}+Z_{90})\times R.$

Sous cette forme il faudrait faire des additions pénibles ; je formerai donc une quatrième colonne Sa, en additionnant les nombres de la troisième et j'aurai Z_{94}, $Z_{94}+Z_{93}$, $Z_{94}+Z_{93}+Z_{92}$, $Z_{94}+Z_{93}+Z_{92}+Z_{91}$, etc., etc.

7. En se conduisant avec la colonne des S, comme on vient de le faire avec celle des Z, on formera une cinquième colonne Σa.

8. La table auxiliaire sera donc composée de cinq colonnes au moyen desquelles et des quatre règles de l'arithmétique, on pourra calculer tous les problèmes.

DÉFINITIONS.

Rentes viagères.

9. La rente viagère est une somme fixe que l'on touche tous les ans ou tous les semestres, à partir d'un an ou de six mois après le versement jusqu'au décès du déposant ; dans ce cas on la nomme *immédiate*. Au contraire, on l'appelle *différée* lorsque l'on ne la touche que deux, trois, etc., ans ou semestres après le versement.

Prime unique.

10. Soit que le versement s'applique à une rente immédiate ou différée, on la nomme *prime unique* et on la représente par P.

Prime annuelle ou semestrielle.

11. La rente viagère (9) s'obtient aussi au moyen de placements égaux et successifs faits tous les ans ou tous les semestres. Ces versements s'appellent *primes annuelles* ou *semestrielles*. Nous les représenterons par p.

12. Il arrive quelquefois que la prime annuelle ou semestrielle augmente ou diminue à des époques déterminées. Alors on la nomme *prime variable*. Cette prime est celle employée par les administrations de chemins de fer qui font une retenue sur le traitement pour constituer des pensions aux employés.

Prime d'admission. **13.** Dans les sociétés en mutualité, on paye généralement une somme déterminée, qu'on nomme *prime d'admission*. Je la représente par A.

Payement. **14.** Le payement d'une rente viagère qui s'effectue un an ou six mois après le versement s'appelle *arrérages*. Il en est de même pour les rentes différées.

Décompte. **15.** Dans les compagnies d'assurances on ne paye rien aux héritiers lors du décès d'un déposant. Il n'en est pas de même des rentes sur l'État: on y paye un décompte depuis le jour du dernier payement jusqu'au jour du décès. Ce décompte est évalué en moyenne à la moitié d'un semestre ou d'un trimestre.

Frais d'inhumation **16.** Dans certaines sociétés on prend l'engagement de payer une somme déterminée (que j'appellerai K) aux héritiers des déposants décédés.

Capital réservé. **17.** Dans d'autres, on remet aux héritiers toutes les sommes versées; mais on y met les conditions suivantes :

1° Remboursement des sommes versées avant le premier payement de la rente;

2° Remboursement des sommes versées lorsque le payement est ouvert;

3° Remboursement pendant tout le cours de l'opération.

Nota. — Il ne faut pas confondre le *premier payement* avec ce qu'on appelle *l'entrée en jouissance;* celle-ci précède toujours d'un an ou d'un semestre le premier payement.

RENTES VIAGÈRES IMMÉDIATES (PRIME UNIQUE).

18. Si nous nous reportons à ce qui est dit plus haut (4, 5, 6, 7), la formule $PN_{89}b^5 = R.(N_{94}+N_{93}b+N_{92}b^2+N_{91}b^3+N_{90}b^4)$ deviendra $PZ_{89}=RS_{90}$ et en remplaçant 89 par une âge quelconque a, elle sera générale sous la forme de $PZa=RSa+1$.

19. S'il s'agit de semestres, ce sera $PZa=RSa+\frac{1}{2}$; on en tire $R=\frac{PZa}{Sa+1}$ ou $R=\frac{PZa}{Sa+\frac{1}{2}}$. C'est au moyen de ces deux dernières formules que j'ai calculé les tables VI et XII, en faisant $P=100$.

PROBLÈME I.

20. Connaissant *la prime unique versée* (P), *l'âge* (a) et *le taux de l'intérêt* que l'on donne au rentier, déterminer *la rente viagère* (R).

$$R=\frac{PZa}{Sa+1}$$

Règle.

Prenez dans la table VI (si on a choisi Déparcieux) le nombre *qui correspond à l'âge et au taux ; multipliez-le par la somme placée et supprimez sept chiffres sur sa droite.*

EXEMPLE.

Une personne âgée de 55 ans veut placer 6,000 fr. pour avoir une rente viagère, et que son argent lui rapporte 4 ½ %; quelle rente aura-t-elle? Table VI, col. 4 ½ à 55 ans, 9,35392 × 6000 = 561 fr. 24 c.

21. Si on opérait par semestre, on se servirait de la table XII et on suivrait la même règle :

Supposons le même exemple; on aura table XII, col. 2 ¼ % à 55 ans, 4,59151 × 6000 = 275 fr. 49 c. par semestre.

22. Si on se sert de la table de Duvillard, ou de celle qui donne la mortalité moyenne entre Déparcieux et Duvillard, on emploiera les tables XIII à XVII, ou les tables XVIII à XXII ; mais alors la règle changera de la manière suivante :

Règle.

23. *Prenez* (col. Z) *le nombre qui, dans la colonne du taux, correspond à l'âge donné; multipliez-le par la somme placée et divisez le produit par le nombre* (col. S) *qui correspond à l'âge augmenté d'une unité.*

EXEMPLE.

Quelle rente aura-t-on, d'après Duvillard, en plaçant 5400 à 62 ans, l'argent devant rapporter 4 %?

Table XV, col. S, vis-à-vis 62 ans 739,8917 × 5400 = $\left.\dfrac{3995415,1800}{5765,8211}\right\} = 692$ fr. 75 c.
Divisé par (col. Z) vis-à-vis 63 ans. . . . .

24. Si on traitait le même exemple d'après la mortalité moyenne, on aurait table XX,
— col. Z, vis-à-vis 62 ans 1152,8884 × 5400 = $\left.\dfrac{6225597,3600}{9989,2748}\right\} = 623$ fr. 23 c.

PROBLÈME II.

25. Connaissant *la rente viagère* (R), *l'âge* (a) et *le taux de l'intérêt*, déterminer *la prime* (P) à verser.

$$\text{Par années } P = \frac{RS_{a+1}}{Z_a}; \text{ par semestre } P = \frac{RS_{a+\frac{1}{2}}}{Z_a}$$

Règle.

Prenez table VI, dans la colonne du taux le nombre qui correspond à l'âge et divisez par ce nombre la rente multipliée par 100.

Exemple.

Quelle somme faut-il placer à 63 ans pour avoir 600 fr. de rente, l'argent étant à 4 %.?

$$\left.\begin{array}{lr} \text{Rente. . . . . } & 600 \times 100 = \dfrac{60000}{11{,}44964} \\ \text{Divisé par, table VI, col. 4 \% à 63 ans. . .} & \end{array}\right\} = 5240 \text{ fr. } 34 \text{ c.}$$

26. Si on opère par semestres, on se servira de la table XII.

$$\left.\begin{array}{lr} \text{Rente. . . . . } & 300 \times 100 = \dfrac{30000}{5{,}58339} \\ \text{Divisée par, table XII, col. 2 \% à 63 ans. .} & \end{array}\right\} = 5373 \text{ fr. } 08 \text{ c.}$$

27. Si on se sert de la table de Duvillard, ou de la mortalité moyenne, on aura la règle : *multipliez la rente par le nombre de la table* (col. S) *qui correspond à l'âge augmenté d'une unité et divisez le produit par le nombre* (col. Z) *qui correspond à l'âge.*

Exemple.

D'après Duvillard, quelle somme faut-il verser à 55 ans pour avoir 800 fr. de rente, l'argent devant rapporter 4 ½ %?

$$\left.\begin{array}{lr} \text{Table XVI, col. S, à 56 ans. . . } & 14588{,}7991 \times 800 = \dfrac{11671039{,}2800}{1562{,}0720} \\ \text{Divisés par col. Z, à 55 ans. . .} & \end{array}\right\} = 7471 \text{ fr. } 50 \text{ c.}$$

Le même exemple traité d'après la mortalité moyenne donnera :

$$\left.\begin{array}{lr} \text{Table XXI, col. S, à 56 ans. . } & 23318{,}3071 \times 800 = \dfrac{18654645{,}6800}{2274{,}1987} \\ \text{Divisés par col. Z, à 55 ans . .} & \end{array}\right\} = 8202 \text{ fr. } 73 \text{ c.}$$

PROBLÈME III.

demnité lors du décès pendant l'opération.

28. *Connaissant la prime* (P), *l'âge* (a), *le taux de l'intérêt, déterminer la rente* (R) *à condition qu'on payera une somme déterminée* (K) *aux héritiers des titulaires décédés pendant* toute l'opération.

$$R = \frac{PZ_a - K\left(\frac{S_a}{b} - S_{a+1}\right)}{S_{a+1}}$$

Règle.

1° *Multipliez la prime par le nombre* (col. Z) *qui correspond à l'âge;*

2° *Divisez le nombre* (col. S) *qui correspond à l'âge par l'unité augmentée de la 100 partie du taux ;*

3° *Du quotient* (2°) *retranchez le nombre* (col. S) *qui correspond à l'âge augmenté d'une unité* (1) *et multipliez le reste par la somme allouée ;*

4° *Prenez la différence entre les résultats obtenus* 1° et 3° *et divisez le reste par le nombre* (col. S) *qui correspond à l'âge augmenté* d'une unité.

EXEMPLE.

Une personne place 6400 fr. à 48 ans pour obtenir une rente viagère, à condition qu'on payera 240 fr. 50 c. à ses héritiers (Déparcieux 4 %).

1° Table III, col. Z, à 48 ans. . . . . . . 3638,8188 × 6400 = 23288440,3200

2° — col. S, à 48 ans. $\dfrac{51221,8183}{1,04} = 49251,7483$

3° — à 49 ans. 47582,9995

Différence. . 1668,7488 × 240 fr. 50 = 401334,0864

4° — Différence. . 22887106,2336

Divisez par le nombre, col. S, à 49 ans. 47582,9995 — = 480 f. 99

PROBLÈME IV.

Sur l'État. **29.** *Connaissant la prime* (P), *l'âge* (a) et *le taux de l'intérêt,* déterminer *la rente* (R) *sur l'État* (15).

$$R = \frac{2\,PZ_a}{\frac{S_a}{b} + S_a + {}^1/_2}$$

Règle.

1° *Multipliez le double de la prime par le nombre* (col. Z) *qui correspond à l'âge ;*

2° *Divisez le nombre* (col. S) *qui correspond à l'âge par l'unité augmentée de la 100° partie du taux, et au quotient ajoutez le nombre* (col. S) *qui correspond à l'âge augmenté de* ½ ;

3° *Divisez le résultat obtenu* 1° *par le résultat obtenu* 2°.

EXEMPLE.

On place sur l'État 12842 fr. 50 c. à l'âge de 50 ans; on fixe le taux de l'intérêt à 2 % par semestre ; on demande la valeur de la rente. (Déparcieux.)

Si on opère par semestre, on n'ajoutera que 1/2.

1° Table IX, col. Z, à 50 ans. 3385,2552 × 25685 = 86950279,8120

2° — col. S, à 50 — $\frac{89517,3518}{1,02}$ = 87762,3057

à 50 ½ 86132,2966

Somme. 173894,6023 173894,6023

3° La division donnera. 500 fr. de rente par semestre.

On peut faire cette opération en se servant de la table XII *bis*. Pour cela il n'y aura qu'à multiplier la somme placée par le nombre de cette table qui correspond à l'âge et au taux fixé.

Dans l'exemple ci-dessus on a. . . .	12842,50 = placement.
Multipliée par.	3,89346 = nombre de la table.
Produit.	500,0176
Ou simplement.	500 fr.

PROBLÈME V.

Indemnité lors du décès.

30. *Connaissant la rente* (R), *l'âge* (a) et *le taux de l'intérêt, déterminer la prime* (P) *dans* l'hypothèse qu'une *somme déterminée* (K) sera allouée aux héritiers.

$$P = \frac{(R - K)(S_a + 1) + \frac{KS_a}{b}}{Z_a}$$

Règle.

1° *Prenez la différence entre la rente et la somme allouée, et multipliez-la par le nombre* (col. S) *qui correspond à l'âge augmenté d'une unité ;*

2° *Divisez le nombre* (col. S) *qui correspond à l'âge par l'unité augmentée et la* 100e *partie du taux, et multipliez le quotient par la somme allouée;*

3° *Faites une somme des deux résultats précédents et divisez-la par le nombre* (col. Z) *qui correspond à l'âge.*

EXEMPLE.

A 4 ½ % et la mortalité moyenne, quelle somme faudra-t-il placer à 58 ans pour avoir une rente de 600 fr. et laisser à ses héritiers 120 fr. lors du décès.

1° Table XX, col. S, à 59 ans. . . . . . 17386,8028 × 480 = 8345665,3440

2° — — à 58 ans. $\frac{19221,6724}{1,045}$ = 18393,9449 × 120 = 2207273,3880

Somme. . . $\left.\frac{10552938,7320}{1834,8696}\right\}$ = 5751 fr. 32 c.

Col. Z, à 58 ans 1834,8696

PROBLÈME VI.

Sur l'État.

31. Connaissant *la rente* (R), *l'âge* (a), *le taux de l'intérêt*, déterminer *la prime* (P) qu'il faut verser pour avoir *une indemnité* égale à la moitié de la rente lors du décès du titulaire.

$$P = \frac{\frac{R}{2}\left(S_a + {}^1/_2 + \frac{S_a}{b}\right)}{Z_a}$$

Règle.

1° *Divisez le nombre* (col. S) *qui correspond à l'âge par l'unité augmentée de la* 100ᵉ *partie du taux ;*

2° *Ajoutez au quotient le nombre* (col. S) *qui correspond à l'âge augmenté d'une unité et multipliez la somme par la moitié de la rente;*

3° *Divisez ce dernier produit par le nombre* (col. Z) *qui correspond à l'âge.*

EXEMPLE.

Quelle somme faut-il placer sur l'État à 50 ans pour avoir une rente de 1000 fr.? (Déparcieux 2 % par semestre.)

1° Table IX, col. S, 50 ans. $\frac{89517,5518}{1,02} =$ 87762,3057

2° — col. S, 50 $^1/_2$ ans. 86132,2966

Somme. 173894,6023

Multipliés par. . . 500

Produit 86947301,1500

3° Divisant par (col. Z) à 50 ans. 3385,2552

$\frac{86947301,1500}{3385,2552} =$ 25684 fr. 12 c.

On peut faire cette opération avec la table XII *bis* en divisant la rente par le nombre de la table qui correspond à l'âge et au taux.

Pour l'exemple ci-dessus on aura :

Rente. 1000

Nombre 3,89346

La division donne 25684 fr. 10 c.

PROBLÈME VII.

32. Connaissant *l'âge* (a) *lors du versement*, *l'âge* (x) *lors du premier payement* et la *rente* (R), déterminer *la prime* (P).

$$P_{ax} = \frac{R_{ax}\, S_x}{Z_a}$$

Règle.

Multipliez la rente par le nombre (col. S) *qui correspond au premier payement et divisez le produit par le nombre* (col. Z) *qui correspond au versement.*

EXEMPLE.

On fait un versement à 45 ans pour avoir une rente de 780 fr. à 59 ans; combien doit-on verser? (Mortalité moyenne 4 ½ %.)

Table XXI, col. S, à 59 ans. 17386,8028 × 780 fr. = 13561706,1840 } = 3141 f. 03 c.
— col. Z, à 45 ans. 4317,6001

PROBLÈME VIII.

33. Connaissant *les âges* (a et x) *lors du versement et lors du premier payement la prime* (P), déterminer *la rente* (R).

$$R_{ax} = \frac{P_{ax} Z_a}{S_x}$$

Règle.

Multipliez la prime par le nombre (col. Z) *qui correspond à l'âge du versement, et divisez le produit par le nombre* (col. S) *qui correspond au premier payement.*

EXEMPLE.

Quelle rente aura-t-on à 60 ans pour 4000 fr. versés à 50 ans? (Duvillard 3 %.)

Table XIII, col. Z, à 50 ans. 1156,8280 × 4000 = 4627312,0000 } = 749 fr. 45 c.
Divisant par col. S, à 60 ans. 6174,2779

PROBLÈME IX.

Liquidation.

34. Connaissant *l'âge* (a) *du versement, l'âge* (y) *d'un déposant dont on liquide la rente ou son capital,* avant le premier payement, déterminer *la somme* qui lui est due.

$$\text{Liquidation en capital } \frac{PZ_a}{Z_y} \text{ en rente } \frac{PZ_a}{S_{y+1}}$$

RÈGLE POUR LE CAPITAL.

Multipliez la prime par le nombre (col. Z) *du premier versement et divisez le produit par le nombre* (col. Z) *qui correspond à l'âge de la liquidation.*

RÈGLE POUR LA RENTE.

Multipliez la prime par le nombre (col. Z) qui correspond au versement et divisez le produit par le nombre (col. S) qui correspond à l'âge de la liquidation augmenté d'une unité.

EXEMPLE.

On place 1000 fr. à 48 ans pour avoir une rente à 60 ans ; mais à 53 ans, on réclame la liquidation par suite d'infirmité ; combien recevra-t-on en capital, ou en rente ? (Déparcieux 5 %.)

Table V, col. Z, à 48 ans. $5651,1206 \times 1000 = 565112,0600$
— — à 53 ans. $4058,2015$ } = 1392 fr. 52 c. en capital.

— — à 54 ans. $5651,1206 \times 1000 = 565112,0600$
— col. S, à 54 ans. $43436,5162$ } = 130 fr. 10 c. en rente.

PROBLÈME X.

Indemnité aux héritiers pendant toute l'opération.

35. Connaissant *l'âge* (a) *du versement, l'âge* (x) *du premier payement de la rente* (R) et *la somme* (K) *allouée aux héritiers*, déterminer la prime.

$$P_{ax} = \frac{RS_x + K\left(\frac{S_a}{b} - S_{a+1}\right)}{Z_a}$$

Règle.

1° *Multipliez la rente par le nombre* (col. S) *qui correspond au premier payement ;*

2° *Divisez le nombre* (col. S) *de l'âge du versement par l'unité augmentée de la 100e partie du taux, et retranchez le nombre* (col. S) *qui correspond au même âge augmenté d'une unité ; multipliez la différence par la somme allouée.*

3° *Faites une somme des deux résultats précédents et divisez-la par le nombre* (col. Z) *du versement.*

EXEMPLE.

Quelle somme faut-il placer à 49 ans pour recevoir à 62 ans une rente de 500 fr., avec indemnité de 200 fr. aux héritiers pendant toute l'opération. (Duvillard 4 %.)

Table XV, col. S, à 62 ans. $6505,7128 \times 500 =$ 3252856,4000
— — à 49 ans. $\frac{23616,0806}{1,04} = 22707,7698$
— — à 50 ans. 21689,1468
Différence. . . $1018,6230 \times 200 =$ 203724,6000
Somme. . . . 3456581,0000
Divisés par col. Z, à 49 ans. 1926,9338 } = 1793 f. 82 c.

PROBLÈME XI.

Indemnité pendant toute la durée de l'opération.

36. Connaissant *l'âge* (a) *du versement, l'âge* (x) *lors du premier payement, la prime* (P) et *la somme allouée aux héritiers* (K), déterminer *la rente* (R).

$$R_x = \frac{PZ_a - K\left(\frac{S_a}{b} - S_{a+1}\right)}{S_x}$$

Règle.

1° *Multipliez la prime par le nombre* (col. Z) *qui correspond au versement;*

2° *Divisez le nombre* (col. S) *de l'âge du versement par l'unité augmentée de la 100e partie du taux et du quotient, retranchez le nombre* (col. S) *qui correspond à cet âge augmenté d'une unité; multipliez la différence par l'indemnité.*

3° *Prenez la différence entre les deux résultats précédents et divisez le reste par le nombre* (col. S) *qui correspond à l'âge du premier payement.*

EXEMPLE.

Quelle rente aura-t-on à 65 ans, en plaçant 2000 fr. à 48 ans, avec la condition de remettre 350 fr. aux héritiers des titulaires décédés pendant toute l'opération? (Table moyenne $4\frac{1}{2}$ %.)

Table XXI, col. Z, à 48 ans.	3601,4472 × 2000	7202894,4000
— col. S, à 48 ans.	$\frac{46586,4264}{1,045} = 44580,3123$	
— — à 49 ans.	42984,9792	
Reste. . .	1595,3331 × 350 =	558366,5850
Reste. . .		6644527,8150
— col. S, à 65 ans.		8909,7399

$$\frac{6644527,8150}{8909,7399} = 745 \text{ fr. } 76 \text{ c.}$$

PROBLÈME XII.

Capital réservé.

37. Connaissant *l'âge* (a) *du versement, l'âge* (x) *lors du premier payement, la prime* (P), déterminer *la rente* (R) avec la condition que la prime sera restituée aux héritiers.

$$R = \frac{P_r S_a}{b S_x}$$

Règle.

1° *Multipliez la prime par la 100e partie du taux et le produit par le nombre* (col. S) *qui correspond au versement;*

2° *Multipliez le nombre* (col. S) *qui correspond au premier payement par l'unité augmentée de la* 100ᵉ *partie du taux;*

3° *Divisez le résultat* 1° *par le résultat* 2°.

EXEMPLE.

Quelle rente aura-t-on à 60 ans, en plaçant 1000 fr. à 40 ans, avec la condition de remboursement aux héritiers du capital versé ? (Déparcieux 4 %.)

Table III, col. S, à 40 ans. 88119,4855 × 0,04 × 1000 = 3524779,420000
— — à 60 ans. 18820,2278 × 1,04 = 19573,036912
} = 180 fr. 08 c.

PROBLÈME XIII.

Indemnité à partir du 1er payement.

38. Connaissant *l'âge* (a) *du versement, l'âge* (x) *lors du premier payement, la rente* (R), déterminer *la prime* (P), à *condition qu'il sera alloué une indemnité* (K) à partir de l'époque du premier payement.

$$P_{ax} = \frac{RSx + K\left(\frac{Sx - 1}{b} - Sx\right)}{Za}$$

Règle.

1° *Multipliez la rente par le nombre* (col. S) *qui correspond à l'âge du premier payement;*

2° *Divisez le nombre* (col. S) *qui correspond à l'âge du premier payement diminué d'une unité par l'unité augmentée de la* 100ᵉ *partie du taux, et retranchez le nombre* (col. S) *qui correspond au premier payement;*

3° *Multipliez la différence* 2° *par la somme allouée et ajoutez au produit le résultat trouvé* 1°;

4° *Divisez le résultat* 3° *par le nombre* (col. Z) *qui correspond au versement.*

EXEMPLE.

Quelle prime faut-il placer à 44 ans pour avoir à 55 ans une rente de 600 fr. avec la condition qu'à partir de l'époque du premier payement les héritiers recevront une indemnité de 120 fr. ? (Duvillard 4 ½ %.)

1° Table XVI, col. S, à 55 ans. 16150,8711 × 600 = 9690522,6600

2° — — à 54 ans. $\frac{17834,0492}{1,045}$ = 17066,0758

Différence. . . 915,2047 × 130 = 109824,5640

Somme. . . . 9800347,2240 / 3363,5778 } = 2913 f. 66 c.

PROBLÈME XIV.

Sur l'État.

39. Connaissant *les âges* (a et x) *du versement* et *du premier payement, la rente* (R) payée par semestre, *avec décompte* de la moitié de la rente aux héritiers, déterminer la prime (P).

$$P_{ax} = \frac{\frac{R}{2}\left(Sx + \frac{Sx - 1}{b}\right)}{Za}$$

Règle.

1° *Divisez le nombre* (col. S) *qui correspond à l'âge lors du premier payement diminuée d'une demie par l'unité augmentée de la 100e partie du taux, et ajoutez-y le nombre* (col. S) *qui correspond à l'âge du premier payement;*

2° *Multipliez la somme trouvée 1° par la moitié de la rente et divisez le produit par le nombre* (col. Z) *qui correspond au versement.*

EXEMPLE.

Quelle somme faut-il placer à 30 ans pour avoir à 60 ans une rente de 300 fr. par semestre, avec décompte des arrérages aux héritiers? (Déparcieux 2 ¼ %.)

1° Table X, col. S, à 59 ½ ans. $\frac{45462,2309}{1,0225} = 44461,8395$

2° — — à 60 ans. 43233,4480

Somme. . . . $87695,2875 \times 150 = 13154293,1250$

3° — col. Z, à 30 ans. 12949,8253

$$\frac{13154293,1250}{12949,8253} = 1015\text{ f. }79\text{ c.}$$

PROBLÈME XV.

...ital réservé.

40. Connaissant *les âges* (a et x) *lors du versement et du premier payement, la rente* (R) *avec remboursement aux héritiers de la prime versée, déterminer cette prime* (P).

$$P_{ax} = \frac{RSx}{Za - \left(\frac{Sx - 1}{b} - Sx\right)}$$

Règle.

1° *Multipliez la rente par le nombre* (col. S) *qui correspond à l'âge du premier payement;*

2° *Divisez le nombre* (col. S) *qui correspond à l'âge du premier payement diminué d'une unité, par l'unité augmentée de la 100e partie du taux et du quotient, et retranchez le nombre* (col. S) *qui correspond au premier payement;*

3° *Du nombre* (col. Z) *qui correspond à l'âge du versement, retranchez le résultat obtenu* 2°;

4° *Divisez le résultat* 1° *par le résultat* 3°.

EXEMPLE.

Quelle prime faut-il verser à 52 ans pour avoir à 65 ans une rente de 500 fr., avec la condition de rembourser aux héritiers la prime versée? (Mortalité moyenne 4 %.)

1° Table XX, col. S, à 65 ans. 7937,8701 × 500 = 3968935,0500

2° — — à 64 ans. $\frac{8922,8249}{1,04} = 8579,6393$

3° — — à 52 ans. 641,7692 / 2273,6085 } Différence 1631,8393

4° la division donne 2,432 fr. 18 c.

PROBLÈME XVI.

Indemnité à partir du premier payement.

41. Connaissant *les âges* (act. x) *lors du versement et du premier payement, la prime* (P), déterminer *la rente* (R) avec la condition qu'on donnera aux héritiers *une indemnité* (K).

$$R = \frac{P a x Z a - K \left(\frac{S x - 1}{b} - S x\right)}{S x}$$

Règle.

1° *Multipliez la prime par le nombre* (col. Z) *qui correspond à l'âge du versement.*

2° *Divisez le nombre* (col. S) *qui correspond à l'âge du premier payement diminué d'une unité par l'unité augmentée de la* 100e *partie du taux, et du quotient, retranchez le nombre* (col. S) *du premier payement.*

3° *Multipliez le résultat* 2° *par l'indemnité, et retranchez le produit du résultat trouvé* 1°.

4° *Divisez le résultat* 3° *par le nombre* (col. S) *qui correspond au premier payement.*

EXEMPLE.

Quelle rente aura-t-on à 65 ans en plaçant à 45 ans une somme de 3,600 fr., avec la condition que les héritiers recevront 120 fr.? (Table moyenne 4 %.)

1° Table XX, col. Z, à 45 ans. 3396,9946 × 3600 12229180,5600

2° — col. S, à 64 ans. $\frac{8922,8249}{1,04} = 8579,6393$

Col. S. à 65 ans. 7937,8701 } Diff. 641,7692 × 120 = 77012,3040

Reste. 12152168,2560

Col. S, à 65 ans. 7937,8701 } 4° 1530 f. 91

PROBLÈME XVII.

42. Connaissant *les âges* (a et x) *lors du versement et du premier payement, la prime* (P) payée par semestre, déterminer *la rente* (R) *avec la condition de payement des arrérages échus.*

$$R = \frac{2\ PZ_a}{\frac{S_x - \frac{1}{2}}{b} + S_x}$$

Règle.

1° *Multipliez le double de la prime par le nombre* (col. Z) *qui correspond à l'âge du versement.*

2° *Divisez le nombre* (col. S) *qui correspond à l'âge du premier payement diminué de* ½ *par l'unité augmentée de la* 100ᵉ *partie du taux, et ajoutez au quotient le nombre* (col. S) *du premier payement.*

3° *Divisez le résultat obtenu* 1° *par celui obtenu* 2°, *vous aurez la rente.*

Exemple.

On verse 2,000 fr. à 55 ans pour avoir une rente à 63 ans, à condition que les arrérages échus lors du décès du titulaire seront payés aux héritiers. (Déparcieux 2 ½ % par semestre.)

1° Table XI, col. Z, à 55 ans. 3699,7392 × 4000 = 14798956,8000

2° Col. S, à 62 ans ½. $\frac{37604,6355}{1,025} = 36687,4492$

— à 63 ans. 35516,3213

Somme. 72203,7705 72203,7705

3° la division donne 191 fr. 69 c.

PROBLÈME XVIII.

ital réservé ir du premier yement.

43. Connaissant *les âges* (a et x) *du versement et du premier payement, la prime* (P), *déterminer la rente* (R) *à la condition que la prime sera remboursée aux héritiers des titulaires décédés après le premier payement.*

$$R = \frac{P_{ax}\left(Z_a + \frac{S_x - 1}{b}\right)}{S_x} + P$$

Règle.

1° *Divisez le nombre* (col. S) *qui correspond à l'âge du premier payement diminué d'une unité par l'unité augmentée de la* 100ᵉ *partie du taux, et retranchez le quotient du nombre* (col. Z) *du versement.*

2° *Multipliez le résultat 1° par la prime et divisez le produit par le nombre* (col. S) *du premier payement.*

3° *Au quotient 2° ajoutez la prime et vous aurez la rente.*

EXEMPLE.

On place 500 fr. à 45 ans pour avoir une rente à 55 ans, avec la condition que les 500 fr. seront remboursés aux héritiers des titulaires décédés à partir du premier payement. (Table moyenne 5 %).

1° Table XXII, col. S, à 54 ans. $\dfrac{32789,0467}{1,05} = -31227,6635$

	Col. Z, à 45 ans.	+ 5481,4171	
	Différence.	— 25746,2464	
2° —	Multipliée par.	500	
		— 12873123,2000	= — 431 f. 62 } Reste 68 f. 38
	Col. S, à 55 ans.	29824,8595	
3° —	Prime.		500,00

PROBLÈME XIX.

Liquidation. **44.** Connaissant *les âges* (a et x) *lors du versement et lors du premier payement*, déterminer *la liquidation* d'un titulaire de l'âge y, que ses infirmités obligent à demander sa liquidation.

$$\text{Secours} = \frac{P_a\, Z_a}{Z_y}, \text{ ou en rente } \frac{P_{za}}{S_y + 1}.$$

Règle.

1° *Multipliez la prime par le nombre* (col. Z) *du versement.*

2° *Divisez le produit par le nombre* (col. Z) *de la liquidation.*

S'il s'agit de rente, *on divisera le résultat 1° par le nombre* (col. S) *qui correspond à l'âge de la liquidation augmenté d'une unité.*

EXEMPLE.

On verse 400 fr. à 48 ans pour avoir une rente à 60 ans ; mais à 54 ans le déposant devient infirme ; quelle sera sa liquidation ? (Duvillard 4 %.)

Table XV, col. Z, à 48 ans. $2050,0048 \times 400 = \dfrac{820001,9200}{1376,0877}$ (à 54 ans. . . . .) $= 595$ fr. 89 c.

En rente. . . . . . $\dfrac{820001,9200}{13757,1440}$ (Col. S, à 55 ans. . .) $= 59$ fr. 60 c.

45. Pour se rendre compte de cette liquidation, on remarquera que d'après Duvillard il y a 312 survivants à 48 ans ; tout le groupe versera donc 124.800 fr. Or, de 48 à 54 ans, il y a 6 ans ; on mettra donc 124.800 fr. à intérêt pendant 6 ans et à 4 % ; ce qui donnera 157.911 fr. 81 c., mais cette somme appartient aux 265 survivants de 54 ans ; c'est donc 595 fr. 89 c. pour chacun d'eux.

46. On conçoit que si l'on accorde une somme quelconque aux décès, on aura une quantité plus faible, et la formule devient

$$\frac{PZ_a + K(S_{a+1} - S_{y+1})}{Z_y} - \frac{(KN_{y-1})(S_a - S_y)}{N_y \times Z_{y-1}}$$

Règle.

1° *Multipliez la prime par le nombre* (col. Z) *à l'âge du versement ;*

2° *Prenez la différence entre les nombres* (col. S) *qui correspondent aux âges du versement et de la liquidation, tous deux augmentés d'une unité, et multipliez-la par la somme allouée ;*

3° *Ajoutez les résultats 1° et 2° et divisez la somme par le nombre* (col. Z) *qui correspond à l'âge de la liquidation ;*

4° *Prenez la différence entre les nombres* (col. S) *du versement et de la liquidation, multipliez-la par la somme allouée et par le nombre des survivants* (col. N) *qui existent à l'âge de la liquidation diminué d'une unité ;*

5° *Multipliez le nombre* (col. N) *de survivants lors de la liquidation par le nombre* (col. Z) *qui correspond à l'âge de la liquidation diminué d'une unité ;*

6° *Divisez le résultat 4° par le résultat obtenu 5° et retranchez ce quotient du résultat obtenu 3°.*

Même exemple qu'au n° 44, mais remise de 100 fr. aux héritiers.

1° Table XV, col. Z, à 48 ans.	2050,0048 × 400 = 820001,9200		
2° Col. S, à 49 ans.	23616,0806		
— à 55 ans.	13757,1440		
Différence. . .	9858,9366 × 100	985893,6600	
3° Somme.		1805895,5800	= 1312 f. 32
Col. Z, à 54 ans.		1376,0877	
4° Col. S, à 48 ans.	25666,0854		
— à 54 ans.	15133,2317		
Différence. . .	10532,8537 × 100 fr. × 274 (col. N, à 53 ans)	= 288600191,3800	= 6° 735 f. 98
5° Col. Z, à 53 ans.	1479,7357 × 265 (col. N, à 54 ans.)	= 392129,9605	
Différence ou liquidation.			576 f. 34

47. Dans le cas du capital réservé, la formule de la liquidation sera

$$\frac{P\,(Sa - Sy + 1)}{Zy} - \frac{(P\,Ny - 1)\,(Sa - Sy)}{Ny \times Zy - 1}$$

Règle.

1° *Prenez la différence entre les nombres* (col. S) *qui correspondent à l'âge du versement et à l'âge de la liquidation, augmenté d'une unité, et multipliez-la par la prime; divisez le produit par le nombre* (col. Z) *de la liquidation;*

2° *Prenez la différence entre les nombres* (col. S) *du versement et de la liquidation, multipliez-la par la prime et par le nombre* (col. N) *des survivants qui existent à l'âge de la liquidation, diminué d'une unité;*

3° *Multipliez le nombre* (col. N) *de survivants lors de la liquidation par le nombre* (col. Z) *qui correspond à l'âge de la liquidation diminué d'une unité;*

4° *Divisez le résultat* 2° *par le résultat* 3° *et retranchez le quotient du résultat trouvé* 1°.

Prenons encore l'exemple du n° **44**, mais avec remise de la prime 400 fr.

1° Table XV, col. S, à 48 ans.	25666,0854		
à 55 ans.	13757,1440		
Différence. . .	11908,9414 × 400 = 4763576,5600		3461 fr. 68
Col. Z, à 54 ans.	1376,0877		
2° Col. S, à 48 ans.	25666,0854		
à 54 ans.	15133,2317		
	10532,8537 × 400 × 274 (col. N, à 53 ans.) = 1154400765,5200	= 4° 2943 fr. 92	
3° Col. Z, à 53 ans.	1479,7357 × 265 (col. N, à 54 ans.) = 392129,9605		
	Liquidation.		517 fr. 76

48. Il est facile d'expliquer le mécanisme de ces liquidations en prenant cette dernière.

D'après Duvillard, les nombres de survivants de 48 à 54 ans sont 312, 305, 297, 289, 282, 274, 265; prenant les différences entre ces nombres, on trouve 7, 8, 8, 7, 8, 9 qui représentent les décès; en sorte que les remboursements annuels sur le pied de 400 fr. par décès sont : 2800, 3200, 3200, 2800, 3200, 3600.

Les 400 fr. versés par les 312 déposants de 48 ans donnent 124.800 fr. Cette somme mise à intérêt à 4 % et pendant six ans, de 48 à 54 ans, vaudra. . . . . 157911 fr. 81

Les 2800	pendant	5	ans vaudront	3406,63	
3200	—	4	—	3743,55	
3200	—	3	—	3599,56	20706, fr. 22
2800	—	2	—	3028,48	
3200	—	1	—	3328,00	
3600	—	0	—	3600,00	

Différence entre l'avoir et les payements. . . . . 137205 fr. 59

Ces 137.205 fr. 59 appartiennent aux 265 survivants de 54 ans ; en divisant 137.205 fr. 59 par 265, on a 517 fr. 76 pour chacun d'eux.

PROBLÈME XX.

demnité jusqu'au emier payement.

49. Connaissant *les âges* (a et x) *du versement et du premier payement, la rente* (R), *la somme* (K) *allouée* aux héritiers jusqu'au *premier payement*, déterminer *la prime* (P).

$$P = \frac{R\,S_x + \frac{K}{b}\left(S_a - S_x\right) - K\left(S_{a+1} - S_{x+1}\right)}{Z_a}$$

Règle.

1° *Multipliez la rente par le nombre* (col. S) *qui correspond à l'âge du premier payement ;*

2° *Prenez la différence entre les nombres* (col. S) *qui correspondent au versement et au premier payement, multipliez-la par la somme allouée et divisez le produit par l'unité augmentée de la 100e partie du taux ;*

3° *Faites une somme des deux résultats précédents ;*

4° *Prenez la différence entre les nombres* (col. S) *qui correspondent aux âges du versement et du premier payement, tous deux augmentés d'une unité, et multipliez-la par la somme allouée ;*

5° *Retranchez le résultat* 4° *du résultat* 3° *et divisez le reste par le nombre* (col. Z) *qui correspond à l'âge du versement.*

EXEMPLE.

Quelle prime faudra-t-il verser à 42 ans pour avoir à 59 ans une rente de 420 fr. à condition que jusqu'au jour du premier payement, on payera 100 fr. aux héritiers ? (Déparcieux 4 ½ %).

1° Table IV, col. S, à 59 ans. 23617,4542 × 420 = 9919330,7640

2° — col. S, à 42 ans. 94177,9911

Différence. . . . . . 70560,5369 × 100 = $\frac{7056053,6900}{1,045}$ = 6752204,5837

3° Somme. 16671535,3477

4° — col. S, à 43 ans. 87835,5261 } Diff. 66439,7295 × 100 = 6643972,9500

à 60 ans. 21395,7966 }

5° Différence. . . . . $\frac{10027562,3977}{6342,4650}$ = 1581 fr. 02

PROBLÈME XXI.

50. Connaissant *les âges* (a et x) *du versement et du premier payement, la prime* (P) déterminer *la rente* (R) à condition que les héritiers recevront *une indemnité* (K) jusqu'à *l'époque du premier payement.*

$$R = \frac{P\,Z_a - \frac{K}{b}\left(S_a - S_x\right) + K\left(S_{a+1} - S_{x+1}\right)}{S_x}$$

Règle.

1° *Multipliez la prime par le nombre* (col. Z) *qui correspond au versement ;*

2° *Prenez la différence des nombres* (col. S) *qui correspondent au versement et au premier payement ; multipliez-la par la somme allouée et divisez le produit par l'unité augmentée de la 100e partie du taux ;*

3° *Prenez la différence entre ces deux résultats ;*

4° *Prenez la différence des nombres* (col. S) *qui correspondent aux âges du versement et du premier payement, tous deux augmentés d'une unité, et multipliez-la par la somme allouée ;*

5° *Ajoutez les résultats* 3° *et* 4° *et divisez la somme par le nombre* (col. S), *qui correspond à l'âge du premier payement.*

Exemple.

Quelle rente aura-t-on à 60 ans, en plaçant 1600 fr. à 43 ans, à la condition de donner aux héritiers une indemnité de 100 fr. jusqu'au premier payement? (Duvillard 4 %.)

1°	Table XV, col. Z, à 43 ans.	2781,9302 × 1600	4451088,3200
2°	— col. S, à 43 ans.	38048,2772	
	à 60 ans.	8188,9566	
	Différence . . .	29859,3206 × 100 = $\frac{29859322{,}0600}{1{,}04}$	= 2871088,5192
3°		Différence.	1579999,8008
4°	— col. S, à 44 ans.	35266,3470	
	à 61 ans.	7310,7150	
	Différence. . .	27955,6320 × 100	2795563,2000
5°		Somme.	4375563,0008
	Col. S, à 60 ans.		8188,9566 = 534 f. 32

PROBLÈME XXII.

51. Connaissant *les âges* (a et x) lors du versement et du premier payement, *la rente* (R) déterminer *la prime* (P) avec la condition de la remise de *la moitié de la rente* aux héritiers jusqu'au premier payement.

$$P = \frac{R\left[\left(2\,S_x + \left(\frac{S_a - S_x}{b}\right) - \left(S_{a+1} - S_{x+1}\right)\right)\right]}{2\,Z_a}$$

Règle.

1° *Prenez le double du nombre* (col. S) *qui correspond au premier payement ;*

2° *Prenez la différence des nombres* (col. S) *qui correspondent aux âges du versement et du premier payement, et divisez-la par l'unité, augmentée de la* 100e *partie du taux;*

3° *Prenez la différence entre les nombres* (col. S) *qui correspondent aux âges du versement et du premier payement, tous deux augmentés d'une unité,* ou de $^1/_2$ *si on opère par semestre;*

4° *Faites une somme des résultats* 1° *et* 2° *et retranchez-en le résultat* 3°; *multipliez le reste par la rente, et divisez le produit par le double du nombre* (col. Z), *qui correspond au versement.*

EXEMPLE.

Quelle prime faudra-t-il verser à 40 ans pour avoir à 60 ans une rente de 600 fr., payable tous les semestres, avec la condition qu'on remboursera 150 fr. ou la moitié du semestre aux héritiers jusqu'au premier payement? (Déparcieux 2 % par semestre.)

1°	Table IX, col. S, à 60 ans.	37866,7916 × 2 =		75733,5832
2°	— à 40 ans.	179815,8394		
	Différence. . .	$\frac{141949,0478}{1,02}$ =		139165,7331
3°	col. S, à 40 $^1/_2$.	174127,5185	4° Somme.	214899,3163
	à 60 $^1/_2$.	36051,3058		
	Différence. . .	138076,2127		138076,2127

Différence. . . . . . 76823,1036 × 600 = $\frac{46093862,1600}{11376,6418}$ = 405 f. 262

Col. Z, à 40 ans. . 5688,3209 × 2

PROBLÈME XXIII.

52. Connaissant *les âges* (a et x) *du versement et du premier payement, la prime* (P), déterminer *la rente* (R) à condition qu'on payera *la moitié de cette rente aux héritiers jusqu'à l'époque du premier payement.*

$$R = \frac{2PZ_a}{2S_x + \frac{S_a - S_x}{b} - (S_{a+1} - S_{x+1})}$$

Règle.

1° *Multipliez le double de la prime par le nombre* (col. Z) *du versement;*

2° *Prenez le double du nombre* (col. S) *qui correspond au premier payement;*

3° *Prenez la différence entre les nombres* (col. S) *qui correspondent aux âges donnés, et divisez-la par l'unité, augmentée de la* 100e *partie du taux;*

4° *Prenez la différence entre les nombres* (col. S) *qui correspondent aux âges donnés, augmentés d'une unité;*

5° *Réunissez les résultats* 2° *et* 3°, *et retranchez-en le résultat* 4° ;

6° *Divisez le résultat obtenu* 1° *par celui donné* 5°.

EXEMPLE.

Quelle rente aura-t-on à 60 ans en plaçant 4000 fr. à l'âge de 40 ans, avec la condition qu'on accordera aux héritiers une indemnité égale à la moitié de la rente, jusqu'à l'époque du premier payement? (Déparcieux 4 %.)

1°	Table III, col. Z, à 40 ans.	5462,1760 × 8000 =		43697408,0000.
2°	— col. S, à 60 ans.	18820,2278 × 2 =		37640,4556
	col. S, à 40 ans.	88119,4855		
3°	Différence. . .	69299,2577 / 1,04		66633,9016
4°	col. S, à 41 ans.	82657,3095		
	à 61 ans.	17063,4593	Som.	104274,3572
	Différence. . .	65593,8502		65593,8502
				38680,5070

1° $\dfrac{43697408{,}0000}{38680{,}5070}$ = 1129 fr. 70 = la rente cherchée.

PROBLÈME XXIV.

Capital réservé jusqu'au premier payement.

53. Connaissant *les âges* (a et x) *lors du versement et du premier payement*, *la rente* (R), déterminer *la prime* (P) à condition qu'elle sera restituée aux héritiers des titulaires décédés avant le premier payement.

$$P = \frac{R\, S_x}{\dfrac{S_a\, r + S_x}{b} - S_{x+1}}$$

Règle.

1° *Multipliez la rente par le nombre* (col. S) *qui correspond à l'âge du premier payement ;*

2° *Multipliez le nombre* (col. S) *qui correspond au versement par la* 100ᵉ *partie du taux; ajoutez-y le nombre* (col. S) *qui correspond au premier payement, et divisez la somme par l'unité augmentée de la* 100ᵉ *partie du taux ;*

3° Du résultat 2°, *retranchez le nombre* (col. S) *qui correspond à l'âge du premier payement augmenté d'une unité ;*

4° *Divisez le résultat obtenu* 1° *par ce dernier.*

EXEMPLE.

Quelle somme faudra-t-il verser à 45 ans pour avoir à 55 ans une rente de 500 fr., avec la condition que la somme versée sera restituée aux héritiers jusqu'à l'époque du premier payement? (Duvillard 4 ½ %.)

1° Table XVI, col. S, à 55 ans. . . . . 16150,8711 × 500 = 8075435,5500

2° — col. S, à 45 ans. 39820,1992 × 0,045 = 1791,9090

Somme. 17942,7801

$$\frac{17942,7801}{1,045} = 17170,1242$$

3° — col. S, à 56 ans. 14588,7991

Différence. 2581,3251

4° $$\frac{8075435,5500}{2581,3251} = 3128 \text{ fr. } 41 \text{ c.} = \text{la prime cherchée.}$$

PROBLÈME XXV.

54. Connaissant *les âges* (a, x) *du versement et du premier payement, la prime* (P), déterminer *la rente* (R) avec les conditions que *le capital versé sera restitué aux héritiers des titulaires décédés avant le premier payement.*

$$R = \frac{P\left(\frac{S_a\,r + S_x}{b} - S_{x+1}\right)}{S_x}$$

Règle.

1° *Multipliez le nombre* (col. S) *qui correspond au versement par la* 100° *partie du taux; ajoutez-y le nombre* (col. S) *qui correspond au premier payement, et divisez la somme par l'unité augmentée de la* 100° *partie du taux;*

2° *Du résultat* 1°, *retranchez le nombre* (col. S) *qui correspond à l'âge du premier payement, augmenté d'une unité;*

3° *Multipliez le résultat* 2° *par la prime, et divisez le produit par le nombre* (col. S) *qui correspond à l'âge du premier payement.*

EXEMPLE.

Quelle rente aura-t-on à 55 ans, en plaçant 3000 fr. à 45 ans, avec la condition que les 3000 fr. seront restitués aux héritiers jusqu'à l'époque du premier payement? (Mortalité moyenne 4 ½ %.)

1° Table XXI.

Col. S, à 45 ans. 58804,8794 × 0,045 = 2646,2196
Col. S, à 55 ans. 25592,5058

Somme. . . $\frac{28238,7254}{1,045} = 27022,7037$

2° Col. S, à 56 ans. 23318,3071

3° Différence. . . . . $\left.\begin{array}{r} 3704,3966 \times 3000 = 11113189,8000 \\ \hline \text{Col. S, à 55 ans} \ldots\ 25592,5058 \end{array}\right\} = 434 \text{ f. } 24 \text{ c.}$

PROBLÈME XXVI.

Liquidation. **55.** Connaissant *les âges* (a, y) *du versement et de la liquidation, la prime* (P), *déterminer la somme à payer aux héritiers* des titulaires décédés avant l'époque du premier payement.

$$\text{Liquidation} = \frac{P}{Zy}\left(\frac{Sa\ r + Sy}{b} - Sy + 1\right)$$

Règle.

1° *Multipliez le nombre* (col. S) *qui correspond au versement par la* 100e *partie du taux; ajoutez-y le nombre* (col. S) *qui correspond à la liquidation, et divisez la somme par l'unité augmentée de la* 100e *partie du taux;*

2° *Du résultat* 1° *retranchez le nombre* (col. S) *qui corrrespond à l'âge de la liquidation, augmenté d'une unité;*

3° *Multipliez le résultat* 2° *par la prime, et divisez le produit par le nombre* (col. Z) *qui correspond à la liquidation.*

EXEMPLE.

Combien reviendra-t-il à l'héritier d'un titulaire décédé à 52 ans, et qui aura déposé 180 fr. à l'âge de 45 ans, toujours dans l'hypothèse du capital réservé jusqu'à l'époque du premier payement? (Duvillard 5 %.)

1° Table XVII, col. S, à 45 ans. 48599,3273 × 0,05 = 2429,9664
— col. S, à 52 ans. 25667,8846

Somme. . . . . $\frac{28097,8510}{1,05} = 26759,8581$

— col. S, à 53 ans. 23254,7682

Différence. 3505,0899
Multipliés par. 180

$\left.\begin{array}{r} \text{Produit} \ldots\ 630916,1820 \\ \hline \text{— col. Z, à 52 ans} \ldots\ 2413,1164 \end{array}\right\} = 261 \text{ fr. } 45 \text{ c.}$

sans indemnité.

PROBLÈME XXVII.

56. Connaissant *les âges* (a, x) *du premier versement et du premier payement, la prime* (p) *annuelle ou semestrielle,* déterminer *la rente* (R).

$$R = \frac{p(S_a - S_x)}{S_a}$$

Règle.

1° *Prenez la différence entre les nombres* (col. S) *qui correspondent aux âges du premier versement et du premier payement et multipliez-la par la prime;*

2° *Divisez le résultat* 1° *par le nombre* (col. S) *qui correspond au premier payement.*

EXEMPLE.

A partir de 49 ans, on place tous les semestres une somme de 200 fr. Quelle rente touchera-t-on, tous les semestres, à partir de l'âge de 65 ans? (Déparcieux 2 %.)

1° Table IX, col. S, à 49 ans. 96573,8337
— à 65 ans. 22270,8760

Différence. . . 74302,9577 × 200 = $\frac{14860591,5400}{22270,8760}$ = 667 fr. 26 c.
— à 65 ans.

PROBLÈME XXVIII.

57. Connaissant *les âges* (a, x) *lors du premier versement et du premier payement, la rente* (R), déterminer *la prime* (p) *annuelle ou semestrielle.*

$$p = \frac{R\,S_x}{S_a - S_x}$$

Règle.

1° *Multipliez la rente par le nombre* (col. S) *qui correspond au premier payement;*

2° *Prenez la différence des nombres* (col. S) *qui correspondent aux âges donnés et divisez le résultat* 1° *par cette différence.*

EXEMPLE.

On veut avoir à 60 ans une rente de 400 fr. payables tous les semestres, quelle somme faut-il verser, tous les six mois, à partir de 50 ans? (Déparcieux 1 ½ %.)

d

1° Table VII, col. S, à 60 ans.	29100,4845 × 400 =	11640193,800	La division donne 334 f. 62 c.
2° — à 50 ans.	63886,6855		
Différence.	34786,2010	34786,2010	

PROBLÈME XXIX.

Liquidation.

58. Connaissant *les âges* (a, y) *du premier versement et de la liquidation, la prime* (p), déterminer *la liquidation en capital et en rente.*

$$\text{Liquidation} = \frac{p\,(S_a - S_y)}{Z_y} \text{ en capital, et } \frac{p\,(S_a - S_y)}{S_y} \text{ en rente.}$$

Règle.

1° *Prenez la différence des nombres* (col. S) *qui correspondent aux âges donnés et multipliez-la par la prime ;*

2° *Divisez le produit* 1° *par le nombre* (col. Z) *de l'âge lors de la liquidation, vous aurez le capital à rembourser ;*

3° *Divisez le produit* 1° *par le nombre* (col. S) *de l'âge lors de la liquidation et vous aurez la rente.*

EXEMPLE.

A partir de 44 ans on doit verser, tous les ans, 50 fr. pour avoir une rente à 60 ans ; mais arrivé à 54 ans, le déposant, par suite d'infirmités, ne peut plus continuer ses versements ; combien lui revient-il en capital ou en rente? (Moyenne 4 %.)

1° Table XX, col. S, à 44 ans.	52190,0596		
— à 54 ans.	23970,5195		
Différence. . . .	28219,5401 × 50 =	1410977,0050	= 704 fr. 71 c. en capital.
— col. Z, à 54 ans.		2002,2176	
Resultat 1°.	1410977,0050		= 58 fr. 86 c. en rente.
col. S, à 54 ans.	23970,5195		

PROBLÈME XXX.

Changement dans l'époque du premier payement.

59. Connaissant *les âges* (a, x) *lors du premier versement et du premier payement, la prime* (p) *annuelle, la rente* (R), déterminer *la quantité à ajouter à la rente,* lorsque l'on retarde l'époque du premier payement, la prime restant la même.

(J'appellerai t l'année à laquelle on remet le premier payement.)

$$\text{Augmentation} = \left(\frac{S_a}{S_t} - \frac{S_a}{S_x}\right) p$$

Règle.

1° *Divisez alternativement le nombre* (col. S) *qui correspond au premier versement par les nombres* (col. S) *qui correspondent aux âges de l'époque fixée d'abord, et de celle de la remise du payement ;*

2° *Prenez la différence entre ces deux quotients, multipliez-la par la prime, et vous aurez la quantité à ajouter à la rente fixée primitivement.*

EXEMPLE.

On s'engage à 49 ans à placer, tous les six mois, 200 fr. pour avoir à 65 ans une rente de 667 fr. 26 c. (56) ; mais on désire reculer le premier payement à 68 ans.

1° Table IX, col. S, à 49 ans. $\frac{96573,8337}{15358,3326} = 6,2880$ $\frac{96573,8337}{22270,8760} = 4,3363$

— à 68 ans. 15358,3326 à 65 ans. 22270,8760

2° La différence entre 6,2880 et 4,3363 est $1,9517 \times 200 = 390,34$, qui, ajoutés à 667 fr. 26 c. (56), donnera 1057 fr. 60 c. pour la nouvelle rente.

PROBLÈME XXXI.

Escompte des primes.

60. Connaissant *l'âge* (a) *d'un déposant* qui désire payer, en une fois, plusieurs primes (*p*), déterminer *la somme qu'il doit verser de suite.*

$$\text{Somme à verser de suite } \frac{p\,(S_a - S_{a+n+1})}{Z_a}$$

Règle.

1° *Prenez la différence entre les nombres* (col. S) *qui correspondent à l'âge du contractant lorsqu'il veut faire l'escompte, et celui qui correspond à ce même âge, augmenté du nombre de primes à escompter et d'une unité ;*

2° *Multipliez cette différence par la prime et divisez le produit par le nombre* (col. Z) *qui correspond à l'âge du contractant, lorsqu'il escompte.*

EXEMPLE.

On s'est engagé à verser, tous les ans, une somme de 100 fr. pour avoir une rente viagère ; mais, parvenu à 53 ans, on désire payer de suite quatre primes ; de ces quatre primes, trois seulement sont escomptées, puisque celle de 53 ans est exigible. Quelle somme devra-t-on verser? (Déparcieux 5 %.)

1° Table V, col. S, à 53 ans. 47494,7177
à 57 ans. 32840,1679

2° Différence. . . . 14654,5498 × 100 = 1465454,9800
Col. Z, à 53 ans. 4058,2015

$$\frac{1465454,9800}{4058,2015} = 361 \text{ fr. } 11 \text{ c, à payer de suite.}$$

Il n'en est pas d'un escompte de primes comme d'un escompte en banque, car, dans ce dernier, les intérêts seuls jouent, tandis que dans celui-là la mortalité est aussi un des éléments de calcul.

Dans l'exemple que nous venons de traiter, on a trouvé qu'il fallait payer 361 fr. 11 c. de suite, au lieu de 100 fr. tous les ans pendant quatre ans; faisons voir que ces résultats sont identiques.

A 53 ans il y a (Table V) 549 survivants; ainsi le groupe payera 198249 fr. 39 c.; mettant cette somme à intérêt pendant 3 ans, on trouve 229498 fr. 45 c. pour la somme que possédera le groupe de 56 ans.

Voyons quelle somme nous obtiendrions sans l'escompte :

53 ans.	549 survivants versant chacun 100 fr., produiront. . . .	54900 fr.	00
	Intérêt à 50 %.	2745	00
54 ans.	538 survivants.	53800	00
		111445	00
	Intérêt à 5 %.	5572	25
55 ans.	526 survivants.	52600	00
		169617	25
	Intérêt à 5 %.	8480	86
56 ans.	514 survivants.	51400	00
	Somme égale.	229498	11

PROBLÈME XXXII.

Indemnité pendant tout le cours de l'opération.

61. Connaissant *les âges* (a, x) *du premier versement et du premier payement de la rente, la prime* (p), déterminer *la rente* (R) avec la condition qu'on allouera *une somme* K aux héritiers des titulaires décédés pendant tout le temps de l'opération.

$$R = \frac{p\,(S_a - S_x) - K\left(\frac{S_a}{b} - S_{a+1}\right)}{S_x}$$

Règle.

1° *Multipliez la prime par la différence des nombres* (col. S) *qui correspondent aux âges donnés;*

2° *Divisez le nombre* (col. S) *qui correspond à l'âge du premier versement par l'unité, augmentée de la 100ᵉ partie du taux, et retranchez du quotient le nombre* (col. S) *qui correspond au même âge augmenté d'une unité;*

3° *Multipliez la différence 2° par la somme allouée et retranchez ce produit du résultat trouvé 1°;*

4° *Divisez le reste 4° par le nombre* (col. S) *qui correspond au premier payement.*

EXEMPLE.

On verse tous les ans 400 fr., à partir de 40 ans, pour avoir une rente à 51 ans, avec la condition qu'on allouera 300 fr. aux héritiers des titulaires décédés pendant l'opération. (Duvillard 4 %.)

1° Table XV, col. S, à 40 ans. 47447,7959
— à 51 ans. 19884,9245

Différence. . . . . 27562,8714 × 400 = 11025148,5600

2° Col. S, à 40 ans. $\frac{47447,7959}{1,04}$ = 45622,8807

à 41 ans. 44129,6661

3° Différence. . . . . 1493,2146 × 300 = 447964,3800

Différence. . . . 10577184,1800

4° Col. S, à 51 ans. 19884,9245

$$\frac{10577184,1800}{19884,9245} = 531 \text{ fr. } 92 \text{ c.}$$

PROBLÈME XXXIII.

62. Connaissant *les âges* (a, x) *du premier versement et du premier payement de la rente*, *la rente* (R) constituée à condition de payer *une indemnité* (K) aux héritiers des titulaires décédés *pendant le cours de l'opération déterminer la prime annuelle* (*p*).

$$p = \frac{R\,Sx + K\left(\frac{Sa}{b} - Sa + 1\right)}{Sa - Sx}$$

Règle.

1° *Multipliez la rente par le nombre* (col. S) *qui correspond au premier payement ;*

2° *Divisez le nombre* (col. S) *qui correspond au premier versement par l'unité, augmentée de la* 100ᵉ *partie du taux ; retranchez du quotient le nombre* (col. S) *qui correspond au même âge augmenté d'une unité, et multipliez la différence par la somme allouée ;*

3° *Réunissez les résultats précédents ;*

4° *Divisez le résultat* 3° *par la différence des nombres* (col. S) *qui correspondent aux âges donnés.*

EXEMPLE.

Quelle prime faut-il verser tous les six mois, à partir de l'âge de 40 ans, pour avoir à 51 ans une rente de 400 fr. payables tous les semestres, et avec la condition que les héritiers recevront une indemnité de 300 fr. pendant tout le cours de l'opération. (Déparcieux 2 % par semestre.)

1° Table IX, col. S, à 51 ans. . . 82841,9807 × 400 = 33136792,2800

2° Col. S, à 40 ans. $\dfrac{179815{,}8394 - 176290{,}0386}{1{,}02}$

à 40 ans ½. 174127,5185

Différence. . . . . . 2162,5201 × 300 = 648756,0300

3° Somme. 33785548,3100

4° Col. S, à 40 ans. 179815,8394 } Différence. 96973,8587 } 348 fr. 40 c. = la prime.
à 51 ans. 82841,9807

PROBLÈME XXXIV.

Liquidation.

63. Connaissant *l'âge* (a) *lors du premier versement, la prime* (p), déterminer *la liquidation* d'un déposant arrivé à *l'âge y*, et ne pouvant plus continuer ses payements, toujours avec la condition d'une indemnité (K) accordée aux héritiers pendant toute la durée de l'opération.

$$\text{Liquidation} = \frac{1}{Zy}\left[\left(p - \frac{K}{b}\right)(Sa - Sy) + K\,(Sa + 1 - Sy + 1)\right]$$

Règle.

1° *Divisez l'indemnité par l'unité augmentée de la* 100e *partie du taux et retranchez le quotient de la prime*;

2° *Multipliez le reste* 1° *par la différence des nombres* (col. S) *qui correspondent aux âges donnés.*

3° *Multipliez l'indemnité par la différence des nombres* (col. S) *qui correspondent aux âges donnés augmentés d'une unité.*

4° *Réunissez les résultats* 2° et 3° *et divisez la somme par le nombre* (col. Z) *qui correspond à l'âge lors de la liquidation.*

EXEMPLE.

On s'engage à 54 ans à verser tous les ans 400 fr. pour avoir plus tard une rente, à condition que les héritiers des titulaites décédés recevront une indemnité de 150 fr. pendant la durée de l'opération ; mais, à 58 ans, on ne peut continuer les versements, on demande la liquidation. (Moyenne 5 %.)

1° Prime. 400

Indemnité. $\frac{1,50}{1,05} = 142,8571$

Différence 257,1429

2° Table XII, col. S, à 54 ans. 32789,0467
à 58 ans. 22148,7016

Différence. . . . . . . 10640,3451 × 257,1429 = 2736089,1960

3° col. S, à 55 ans. 29824,8595
à 59 ans. 19959,3951

Différence. . . . . . . 9865,4644 × 150 = 1479819,6600

Somme. . . . . 4215908,8560 } 1925 f. 68 = la liquidation.

col. Z, à 58 ans. . . . . 2189,3065 }

PROBLÈME XXXV.

ngement dans époque du premier payement.

64. Connaissant *les âges* (a, x) *lors du premier versement et du premier payement, la prime* (p), *l'indemnité* (K) payée aux héritiers des titulaires décédés, déterminer *la rente* qu'on devra donner en reculant le premier payement.

La formule étant très-compliquée, on fera bien de calculer la nouvelle rente en se servant de l'âge du rentier lors du premier payement.

Ainsi, dans l'exemple du n° 61, nous avons trouvé 531 fr. 92 c. pour la rente, à partir de 51 ans, époque fixée primitivement ; si on voulait ne toucher qu'à 57 ans, on trouverait 1243 fr. 05 c.

PROBLÈME XXXVI.

Escompte des primes.

65. Etant donnés *l'âge* (a) *du déposant et le nombre de primes* qu'il veut escompter, *déterminer la somme à payer de suite.*

$$\frac{1}{Z_a}\left[p\,(S_a - S_{a+n+1})\right]$$

Règle.

1° *Multipliez la prime par la différence entre les nombres* (col. S) *qui correspondent à l'âge donné, et au même âge augmenté de l'unité et du nombre de primes escomptées ;*

2° *Divisez le produit* 1° *par le nombre* (col. Z) *qui correspond à l'âge du premier versement*

EXEMPLE.

On se présente, à 54 ans, pour payer la prime de 100 fr. et en escompter quatre par anticipation; quelle somme faudra-t-il verser, en admettant une indemnité de 10 fr. aux héritiers, pendant toute l'opération ? (Déparcieux 5 %.)

1° Table V, col. S, à 54 ans. 43436,5162
à 59 ans. 26955,1035

Différence. . . . . 16481,4127 × 100 = 1648141,2700

2° col. Z, à 54 ans. 3787,5139

$$\frac{1648141,2700}{3787,5139} = 435 \text{ fr. } 15 \text{ c.}$$

PROBLÈME XXXVII.

Indemnité jusqu'à l'époque du premier payement.

66. Connaissant *les âges* (a, x) *du premier versement et du premier payement,* determiner *la rente* (R), à condition qu'on donnera une *indemnité* (K) aux héritiers des déposants décédés jusqu'à l'époque du premier payement.

$$R = \frac{\left(p - \frac{K}{b}\right)(S_a - S_x) + K(S_{a+1} - S_{x+1})}{S_x}$$

Règle

1° *Divisez l'indemnité par l'unité augmentée de la 100e partie du taux, et retranchez ce quotient de la prime;*

2° *Multipliez ce reste par la différence des nombres* (col. S) *qui correspondent aux âges donnés;*

3° *Multipliez l'indemnité par les nombres* (col. S) *qui correspondent aux âges donnés, augmentés tous deux d'une unité;*

4° *Faites une somme des résultats 2° et 3°, et divisez-la par le nombre* (col. S) *qui correspond à l'âge du premier payement.*

67. NOTA. Si le quotient trouvé 1° est plus grand que la prime, on prendra la différence entre les résultats 2° et 3°, etc., etc.

EXEMPLE.

On s'engage à 44 ans à verser, tous les ans, 150 fr. pour avoir à 60 ans une rente, à condition qu'on payera 120 fr. aux héritiers de chaque déposant décédé avant l'époque du premier payement. (Moyenne 4 %.)

1° Indemnité. . . . . $\frac{120}{1,04}$ = 115,3846

Prime. 150,

Différence. 34,6154

2° Table XX, col. S, à 44 ans. 52190,0596 } Différence. 38473,6827
à 60 ans. 13716,5687 }

Produit. 1331771,3307

3° Col. S, à 45 ans. 48605,4485
à 61 ans. 12382,9046

Différence. . . . 36222,5439 × 120 = 4346705,2680

4° Somme. . . . . . 5678476,5987 } 413f 98c.=la rente cherchée.
Col. S, à 60 ans. . . . . 13716,6827 }

PROBLÈME XXXVIII.

68. Connaissant *les âges* (a, x) *du premier versement et du premier payement, la rente* (R) *et l'indemnité* (K) accordée aux héritiers jusqu'à l'époque du premier payement, déterminer *la prime* (p).

$$p = \frac{R S_x - K(S_{a+1} - S_{x+1})}{S_a - S_x} + \frac{K}{b}.$$

Règle.

1° *Multipliez la rente par le nombre* (col. S) *qui correspond à l'âge du premier payement;*

2° *Multipliez l'indemnité par la différence des nombres* (col. S) *qui correspondent aux âges donnés, tout deux augmentés d'une unité;*

3° *Prenez la différence entre les deux résultats précédents, et divisez-la par la différence entre les nombres* (col. S) *qui correspondent aux âges donnés;*

4° *Divisez l'indemnité par l'unité augmentée de la* 100e *partie du taux, et ajoutez ce quotient au résultat trouvé* 3°.

EXEMPLE.

On veut avoir, à 64 ans, une rente semestrielle de 400 fr., quelle somme faut-il placer tous les six mois, à partir de 44 ans pour l'obtenir, avec la condition qu'on payera 150 fr. aux héritiers de chaque déposant décédé avant l'époque du premier payement? (Déparcieux 1 ½ %.)

1° Table VII, col. S, à 64 ans. 19752,5773 × 400 = 7901030,9200

2° Col. S, à 44 ½. 91839,1664 } 72650,8551 × 150 = 10897628,2650
à 64 ½. 18738,3113 }

3° Différence. . . . . 2996597,3450 } 40 fr. 24 c.

Col. S, à 44 ans. 94218,7395 } Différence. 744,66,1622
à 64 ans. 19752,5773 }

4° Indemnité. $\frac{150}{1,015}$ = ... 147 78

Le résultat 2° plus grand que 1° (67), différence. . . . . 107 54 = la prime.

AUTRE EXEMPLE.

Les données étant les mêmes, à l'exception de l'indemnité réduite à 100 fr.

1° Produit. 7901030,9201

2° Différence. . . . . 72650,8551 × 100 7265085,5100

Différence. . . . . . 635945,4100 } = 85 54

3° Différence. . . . . 74466,1622 }

4° Indemnité. $\frac{100}{1,015}$ = ... 98 52

Le résultat 2° plus petit que 1° (67) somme. . . . . 107 06 = la prime.

Liquidation.

69. La liquidation se calculera comme au n° 63.

Changement dans l'époque du premier payement.

Le changement de l'époque du premier payement se fera comme au n° 64.

Escompte des primes.

L'escompte des primes se fait comme au n° 65.

PROBLÈME XXXIX.

Indemnité à partir du premier payement.

70. Connaissant *les âges* (a, x) *du premier versement et du premier payement* de la rente, *la prime* (p), déterminer *la rente* (R) à condition que les héritiers des titulaires décédés recevront *une indemnité* (K) à partir de l'époque du premier payement.

$$R = \frac{p\,(S_a - S_x) - \frac{K\,(S_x - 1)}{b}}{S_x} + K$$

Règle.

1° *Multipliez la prime par la différence des nombres* (col. S) *qui correspondent aux âges donnés ;*

2° *Multipliez l'indemnité par le nombre* (col. S) *qui correspond à l'âge du premier payement, diminué d'une unité, et divisez le produit par l'unité, augmentée de la* 100ᵉ *partie du taux ;*

3° *Retranchez les deux résultats précédents et divisez leur somme par le nombre* (col. S) *qui correspond à l'âge du premier payement ;*

4° *Au quotient trouvé* 3° *ajoutez l'indemnité.*

EXEMPLE.

On commencera à 42 ans à verser 350 fr. tous les ans ; quelle rente aura-t-on, à 55 ans, avec la condition que les héritiers des titulaires décédés recevront une indemnité de 200 fr. à partir du premier payement ? (Duvillard 4 ½ %.)

1° Table XVI, col. S, à 42 ans. 50594,7833
à 55 ans. 16150,8711

Différence . . . . . 34443,9122 × 350 = 12055369,2700

2° Col. S, à 54 ans. $\frac{17834,0492 \times 200 = 3566809,8400}{1,04,5}$ = 3413215,1579

3° $\frac{\text{Différence} \ldots\ldots 8642154,1121}{\text{Col. S, à 55 ans} \ldots\ldots 16150,8711}$ = 535,09

4° Indemnité 200

Somme ou rente . . . . 735 fr. 09 c.

PROBLÈME XL.

Sur l'État.

71. Connaissant *les âges* (a, x) *du premier versement et du premier payement, la prime* (p), déterminer *la rente* (R) avec la condition qu'on payera aux héritiers des titulaires décédés *la moitié de la rente*, pour leur tenir compte des arrérages échus.

$$R = \frac{2p\,(S_a - S_x)}{S_x + \frac{S_x - \frac{1}{2}}{b}}$$

Règle.

1° *Multipliez le double de la prime par la différence des nombres* (col. S) *qui correspondent aux âges donnés ;*

2° *Divisez le nombre* (col. S) *qui correspond à l'âge du premier payement, diminué de* ½ *par l'unité, augmentée de la* 100ᵉ *partie du taux ;*

3° *Ajoutez à ce quotient le nombre* (col. S) *qui correspond à l'âge du premier payement.*

4° *Divisez le résultat* 1° *par ce dernier.*

EXEMPLE.

A partir de 40 ans on verse, tous les six mois, une prime de 50 fr. ; quelle rente aura-t-on à 60 ans, à condition que les arrérages seront payés par semestre, et qu'on donnera aux héritiers la moitié de la rente pour tenir compte des arrérages échus? (Déparcieux 2 %.)

1° Table IX, col. S, à 40 ans..... 179815,8394
à 60 ans..... 37866,7916

Différence.......... 141949,0478 × 100 = 14194904,7800

2° Col. S, à 59 ans ½. $\frac{39744,5842}{1,02}$ = 38965,2786 } Somme. 76832,0702

3° à 60 ans............ 37866,7916 }

4° $\frac{14194904,7800}{76832,0702}$ = 184 fr. 75 c. = la rente semestrielle.

PROBLÈME XLI.

72. Connaissant *les âges* (a, x) *du premier versement et du premier payement*, déterminer *la prime* à verser tous les ans pour obtenir *une rente* (R), avec la condition que les héritiers des titulaires décédés recevront une *indemnité* (K) à partir de l'époque du premier versement.

$$p = \frac{R\,S_x + K\left(\frac{S_{x-1}}{b} - S_x\right)}{S_a - S_x}$$

Règle.

1° *Multipliez la rente par le nombre* (col. S) *qui correspond à l'âge du premier payement ;*

2° *Divisez le nombre* (col. S) *qui correspond à l'âge du premier payement, diminué d'une unité, par l'unité augmentée de la* 100° *partie du taux ;*

3° *Retranchez de ce quotient le nombre* (col. S) *qui correspond à l'âge du premier payement ; multipliez le reste par l'indemnité et ajoutez au produit le résultat* 1°.

4° *Divisez le résultat* 3° *par la différence des nombres* (col. S) *qui correspondent aux âges donnés.*

EXEMPLE.

Quelle prime faut-il verser tous les six mois, à partir de l'âge de 40 ans, pour avoir à 59 ans une rente semestrielle de 600 fr., avec la condition qu'à partir du premier payement on payera 150 fr. aux héritiers de chaque titulaire décédé? (Déparcieux 2 % par semestre.)

1° Table IX, col. S, à 59 ans. 41686,4497 × 600 = 25011869,8200

Col. S, à 58 ans ½. $\frac{43694,1999}{1,02}$ = 42837,4509

à 59 ans. 41686,4497

Différence . . . . 1151,0012 × 150 = 172650,1800

Somme. 25184520,0000

Col. S, à 40 ans. . . . . . . 179815,8394 } Diff^ce. . 138129,3897 = 182 fr. 33 c.

à 59 ans . . . . 41686,4497 }

liquidation. **73.** Connaissant *l'âge* (a) *du premier versement, la prime* (p), déterminer *la liquidation* d'un déposant devenu infirme, et dans l'impossibilité de continuer ses versements à l'âge *y*.

Cette liquidation se calcule comme au n° 58.

gement dans verture de la ision et es-mpte des pri-s. **74.** Le changement dans l'époque du payement de la rente se calculera comme au n° 59.

L'escompte ou l'anticipation des primes annuelles ou semestrielles se calculera comme au n° 65.

PROBLÈME XLII.

ur l'État. **75.** Connaissant *la rente semestrielle* (R), *les âges* (a, x) du premier versement et du premier payement de la rente, déterminer *la prime* (p) (15).

$$p = \frac{R\left(S_x + \frac{S_{x-1/2}}{b}\right)}{2\,(S_a - S_x)}$$

Règle.

1° *Divisez le nombre* (col. S) *qui correspond à l'âge du premier payement, diminué de ½ par l'unité, augmentée de la 100e partie du taux ;*

2° *Ajoutez à ce quotient le nombre* (col. S) *qui correspond à l'âge du premier payement, et multipliez la somme par la rente ;*

3° *Divisez le produit 2° par deux fois la différence entre les nombres* (col. S) *qui correspondent aux âges connus.*

EXEMPLE.

On veut avoir à 54 ans une rente semestrielle de 600 fr.; quelle prime faudra-t-il payer, tous les six mois, à partir de 45 ans ? (Déparcieux 2 ¼ %.)

1° Table X, col. S, à 55 ans ½. $\frac{66440,3996}{1,0225}$ = 64978,3859

2° à 56 ans. . . 63490,9428

Somme. . . . . 128469,3287 × 600 = 77081597,2200

Col. S, à 45 ans. 155807,4400 } 92316,4972 × 2 = 184632,9944 } = 417f. 47c.

à 56 ans. 63490,9428 }

PROBLÈME XLIII.

Sur l'État.

76. Connaissant *la prime semestrielle* (p), *les âges* (a, x) *du premier versement et du premier payement*, déterminer *la rente* (R) (15).

$$R = \frac{2p\,(S_a - S_x)}{S_x + \dfrac{S_{x-1/2}}{b}}$$

Règle.

1° *Multipliez la différence des nombres* (col. S) *qui correspondent aux âges donnés par le double de la prime;*

2° *Divisez le nombre* (col. S) *qui correspond à l'âge du premier payement, diminué de ½ par l'unité, augmentée par la 100ᵉ partie du taux, et ajoutez au quotient le nombre* (col. S) *qui correspond au premier payement;*

3° *Divisez le résultat* 1° *par le résultat* 2°.

EXEMPLE.

On verse 50 fr. tous les six mois, à partir de 40 ans, pour avoir une rente semestrielle à 60 ans; déterminer la rente. (Déparcieux 2 %.)

1° Table IX, col. S, à 40 ans. 179815,8394
à 60 ans. 37866,7916

Différence........ 141949,0478 × 100 = 14194904,7800

Col. S, à 59 ans ½. $\frac{39744,5842}{1,02}$ = 38965,2786
à 60 ans.............. 37866,7916
} . . . 76832,0702

$\frac{14194904,7800}{76832,0702}$ = 184 fr. 75 c.

PROBLÈME XLIV.

Remise des primes à partir du premier payement.

77. Connaissant *les âges* (a, x) *du premier versement et du premier payement, la prime* (p), déterminer *la rente* (R) avec la condition que toutes les primes versées seront remboursées aux héritiers des titulaires décédés, *à partir du premier payement de la rente.*

$$R = \frac{p\,(S_a - S_x) - (x - a)\,p\left(\dfrac{S_{x-1}}{b} - S_x\right)}{S_x}$$

Règle.

1° *Multipliez la prime par la différence des nombres* (col. S) *qui correspondent aux âges donnés;*

2° *Divisez le nombre* (col. S) *qui correspond à l'âge du premier payement, diminué d'une unité, par l'unité augmentée de la 100e partie du taux;*

3° *Du quotient 2° retranchez le nombre* (col. S) *qui correspond à l'âge du premier payement, et multipliez le reste par autant de fois la prime qu'il y a de différence entre les âges donnés.*

4° *Retranchez le résultat 3° du résultat 1°, et divisez le reste par le nombre* (col. S) *qui correspond à l'âge du premier payement.*

EXEMPLE.

A partir de 44 ans on verse, tous les semestres, une somme de 500 fr. pour avoir une rente à 55 ans, payable tous les six mois et à condition qu'à partir du premier payement, tous les versements effectués seront remboursés aux héritiers des titulaires décédés. (Déparcieux 2 1/4 %.)

1° Table X, col. S, à 44 ans. 167547,6089
à 55 ans. 69491,0171

Différence....... 98056,5918 × 500 = 49028295,9000

2° Col. S, à 54 ans 1/2. $\frac{72645,8544}{1,0225}$ = 71047,2903
à 55 ans............. 69491,0171

3° Différence...... 1556,2732 }
55 moins 44 = 11 = 22 semestres × 500 1,1000 } 17119005,2000

4° Différence................ 31909290,7000
Col. S, à 55 ans................. 69491,0171 } = 459 fr. 19 c. la rente.

PROBLÈME XLV.

78. Connaissant *les âges* (a, x) *du premier versement et du premier payement, la rente* (R), déterminer *la prime* (p) avec la condition que toutes les primes versées seront remises aux héritiers des titulaires décédés *à partir du premier payement.*

$$p = \frac{R\,S_x}{(S_a - S_x) - (x - a)\left(\frac{S_{x-1}}{b} - S_x\right)}$$

Règle.

1° *Multipliez la rente par le nombre* (col. S) *qui correspond au premier payement;*

2° *Prenez la différence entre les nombres* (col. S) *qui correspondent aux âges donnés;*

3° *Divisez le nombre* (col. S) *qui correspond à l'âge du premier payement, diminué d'une unité, par l'unité augmentée de la 100e partie du taux, et du quotient; retranchez le nombre* (col. S) *qui correspond à l'âge du premier payement, et multipliez la différence par autant de fois l'unité qu'il y a d'années entre les âges donnés;*

4° *Divisez le résultat 1° par ce dernier.*

EXEMPLE.

On veut avoir à 55 ans une rente de 460 fr., en commençant à 44 ans à verser une prime tous les ans, avec la condition que toutes les primes versées seront restituées aux héritiers des titulaires décédés à partir du premier payement, quelle sera la prime? (Déparcieux 4 ½ %.)

1° Table IV, col. S, à 55 ans. 34226,4559 × 460 = 15744169,7140

2° Col. S, à 44 ans. 81832,2554 } Différence. 47605,7995
à 55 ans. 34226,4559 }

3° Col. S, à 54 ans. $\frac{37355,6600}{1,045}$ 35747,0431

à 55 ans. 34226,4559

Différence. . 1520,5872 } Produit. 16726,4592
55 moins 44 = ... 11 }

Différence. 30879,3403

4° 1° $\frac{15744169,7140}{30879,3403}$ = 509 fr. 87 c.

PROBLÈME XLVI.

Liquidation.

79. Connaissant l'âge (a) du premier versement et celui (y) auquel un déposant cesse de pouvoir payer ses primes, déterminer sa liquidation.

On opérera comme au n° 58.

80. Le changement dans l'époque du premier payement se fera comme au n° 59.

81. L'escompte des primes comme au n° 60.

PROBLÈME XLVII.

Remise des primes jusqu'au premier payement.

82. Connaissant *les âges* (a, x) *du premier versement et du premier payement, la prime* (p), déterminer *la rente* (R) avec la condition que toutes *les primes versées* seront remboursées aux héritiers des déposants décédés *jusqu'au premier payement.*

$$R = \frac{p\left(\Sigma_a - \Sigma_x - (x-a)\left(S_x + 1\right) - \frac{p}{b}\left(\Sigma_a - \Sigma_x\,(x-a)\,S_x\right)\right.}{S_x}$$

Règle.

1° *Prenez* (col. Σ) *la différence des nombres qui correspondent aux âges donnés;*

2° *Multipliez la différence entre les âges par le nombre* (col. S) *qui correspond à l'âge du premier payement, augmenté d'une unité, et retranchez ce produit du résultat* 1°*;*

3° *Multipliez la différence entre les âges par le nombre* (col. S) *qui correspond au premier payement; retranchez le reste du résultat* 1°, *et divisez la différence par l'unité, augmentée de la* 100e *partie du taux;*

4° *Retranchez le quotient* 3° *du reste obtenu* 2°; *multipliez cette différence par la prime, et divisez le produit par le nombre* (col. S) *qui correspond à l'âge du premier payement.*

EXEMPLE.

On s'engage à 49 ans à verser, tous les ans, une somme de 1000 fr. pour avoir à 56 ans une rente viagère, avec la condition que toutes les primes versées jusqu'au premier payement seront remboursées aux héritiers des titulaires décédés. (Table moyenne 5 %.)

1° Table XXII, col. Σ, à 49 ans.	512846,7780		
à 56 ans.	233468,8626		
	279377,9154. .	. 279377,9154	
2° Col. S, à 57 ans. 24517,7137 ; 56 moins 49.. 7	171623,9959		
Différence......	107753,9195.	. . . . . .	107753,9195
3° Col. S, à 56 ans. 27072,2239 ; 56 moins 49.. 7		189505,5673	
Différence........		$\frac{89872,3481}{1,05}$ =	85592,7125
			22161,2070
4° Remise...........			1000
Produit...........			22161207,0000
Col. S, à 56 ans....................			27072,2239

$$\frac{22161207,0000}{27072,2239} = 818 \text{ fr. } 60 \text{ c.}$$

PROBLÈME XLVIII.

83. Connaissant *les âges* (a, x) *du premier versement et du premier payement, la rente* (R), déterminer *la prime à verser tous les ans* ou *tous les six mois*, pour l'obtenir, à condition que toutes les primes versées, *jusqu'au premier payement*, seront remboursées aux héritiers des déposants décédés.

$$p = \frac{R\, S_x}{\left(\Sigma_a - \Sigma_x - (x-a)\, S_x + 1\right) - \frac{1}{b}\left(\Sigma_a - \Sigma_x - (x-a)\, S_x\right)}$$

Règle.

1° *Multipliez la rente par le nombre* (col. S) *qui correspond à l'âge du premier payement ;*

2° *Prenez la différence des nombres* (col. Σ) *qui correspondent aux âges donnés ;*

3° *Multipliez la différence des âges par le nombre* (col. S) *qui correspond à l'âge du premier payement, augmenté d'une unité, et retranchez ce produit du résultat* 2° ;

4° *Multipliez la différence des âges par le nombre* (col. S) *qui correspond à l'âge du premier quotient du payement, et retranchez le produit du résultat* 2° ;

5° *Divisez ce reste* (4°) *par l'unité, augmentée de la* 100° *partie du taux, et retranchez ce quotient du résultat* 3° ;

6° *Divisez le résultat trouvé* 1° *par celui obtenu* 5°.

EXEMPLE.

Pour avoir à 56 ans une rente semestrielle de 410 fr., quelle prime faut-il verser tous les mois, à partir de 49 ans, en admettant la condition que toutes les primes versées, jusqu'au premier payement, seront remboursées aux héritiers des déposants décédés ? (Déparcieux 2 ½ %.)

1° Table XI, col. S, à 56 ans. . . .	73639,1380 × 410 = 30192046,5800			
2° Col. Σ, à 49 ans. . . .	2727137,8743			
à 56 ans. . . .	1256415,7341			
Différence.	1470722,1402	1470722,1402	1470722,1402	
Col. S, à 56 ans ½. . . .	70198,0106 }	982772,1484		
56 moins 49... semestres.	14 }			
Différence.		487949,9918		487949,9918
4° Col. S, à 56 ans. . . .	73639,1380 }		1030947,9320	
56 moins 49... semestres.	14 }			
		Différence. .	$\frac{439774,2082}{1,025}$	= 429048,0080
			Différence. .	58901,9838

5° Résultat 1°. . . . . . $\dfrac{30192046,5800}{58901,9838}$ = 512 fr. 58 c. = la prime.
Résultat 4°. . . . . .

PROBLÈME XLIX.

Liquidation.

84. Connaissant *les âges* (a, y) *du premier versement et de la cessation de payement, déterminer la liquidation,* toujours avec la condition que toutes les primes versées seront remboursées aux héritiers des déposants décédés.

$$\text{Liquidation} = \frac{p}{Zy}\left[\Sigma_a - \Sigma_y - (y - a)\,S_y + 1 - \left(\frac{\Sigma_a - \Sigma_y - (y - a)\,S_y}{b}\right)\right]$$

Règle.

1° *Prenez la différence des nombres* (col. Σ) *qui correspondent aux âges donnés ;*

2° *Multipliez la différence des âges par le nombre* (col. S) *qui correspond à l'âge de la cessation de payement, augmenté d'une unité, et retranchez le produit du résultat* 1° ;

3° *Multipliez la différence des âges par le nombre* (col. S) *qui correspond à la cessation de payement, et retranchez le produit du résultat* 1° ;

4° *Divisez le résultat* 3° *par l'unité, augmentée de la* 100e *partie du taux, et retranchez le quotient du résultat* 2° ;

5° *Multipliez le résultat* 4° *par la prime, et divisez le produit par le nombre* (col. Z) *qui correspond à l'âge de la liquidation.*

EXEMPLE.

On s'engage à 59 ans à verser 100 fr., tous les ans, pour avoir plus tard une rente viagère ; mais, arrivé à 62 ans, le déposant ne peut plus verser, quelle somme doit-il recevoir ? (Duvillard 5 %.)

Bien entendu que toutes les primes versées sont remboursées aux héritiers des déposants décédés.

1° Table XVII, col. Σ, à 59 ans.	91448,7105		
à 62 ans.	58735,4578		
Différence. . .	32713,2527	32713,2527	
2° Col. S, à 63 ans. 7476,3972 } 62 moins 59. . . 3 }	22429,1916		
Différence. . .	10284,0611		10284,0611
3° Col. S, à 62 ans. 8500,8001 × 3,		25502,4003	
Différence. . .		7210,8524	
4°		$\frac{7210,8524}{1,05}$ =	6867,4785
Différence. . . .			3416,5826
5° Multipliant par la prime.			100
Produit.			341658,2600
Col. Z, à 62 ans.			1024,4029

$\frac{341658,2600}{1024,4029}$ = 333 fr. 52 c.

85 Si l'on change l'époque du premier payement de la rente, on calculera cette nouvelle rente par le problème XLVI.

Escompte. **86**. L'escompte des primes sera calculé comme au n° 65.

PROBLÈME L.

Capital réservé. **87**. Connaissant *les âges* (a, x) *du premier versement et celui du premier payement, la prime* (p), déterminer *la rente* (R) avec la condition que toutes les primes versées seront remboursées aux héritiers des titulaires décédés *pendant tout le cours de l'opération.*

$$R = \frac{p(\Sigma a - \Sigma x)(b - 1)}{b\,Sx}$$

Règle.

1° *Multipliez la différence des nombres* (col. Σ) *qui correspondent aux âges donnés par la prime, et le produit par la 100e partie du taux ;*

2° *Multipliez le nombre* (col. S) *qui correspond à l'âge du premier payement par l'unité, augmentée de la 100e partie du taux ;*

3° *Divisez le résultat 1° par le résultat 2°.*

EXEMPLE.

On verse, tous les six mois, une prime de 100 fr. à partir de l'âge de 40 ans, quelle rente semestrielle touchera-t-on à 50 ans, avec la condition que toutes primes versées seront remboursées aux héritiers des titulaires décédés pendant toute la durée de l'opération ? (Déparcieux 2 % par semestre.)

1° Table IX, col. Σ, à 40 ans. 4515963,9014
à 50 ans. 1854327,4804

Différence. . 2661636,4210 × 100 × 0,02 = 5323272,8420

2° Col. S, à 50 ans. 89517,5518 × 1,02 = 91307,9028

$$\frac{5323272,8420}{91307,9028} = 58 \text{ fr. } 30 \text{ c.}$$

PROBLÈME LI.

88. Connaissant *les âges* (a, x) *du premier versement et du premier payement, la rente* (R), déterminer *la prime* (p) à verser, tous les ans, à condition que toutes les primes versées seront remboursées aux héritiers des titulaires décédés *pendant toute la durée de l'opération.*

$$p = \frac{R\,b\,Sx}{(\Sigma a - \Sigma x)(b - 1)}$$

Règle.

1° *Multipliez la rente par le nombre* (col. S) *qui correspond à l'âge du premier payement, et le produit par l'unité, augmentée de la* 100ᵉ *partie du taux;*

2° *Multipliez la différence des nombres* (col. Σ) *qui correspondent aux âges donnés par la* 100ᵉ *partie du taux;*

3° *Divisez le résultat* 1° *par le résultat* 2°.

EXEMPLE.

Quelle prime faut-il verser tous les ans, à partir de 40 ans, pour avoir 116 fr. de rente à 50 ans, toutes les primes versées devant être remboursées aux héritiers des titulaires décédés ? (Déparcieux 4 %.)

1° Table III, col. S, à 50 ans.	44136,7058 × 120,64 = 5324652,1877		
2° Col. Σ, à 40 ans.	1136749,6999		= 200 fr. 21 c.
à 50 ans.	471867,8679		
Différence.	664881,8320 × 0,04	= 26595,2733	

89. La liquidation se fera comme au n° 84, et l'escompte des primes comme au n° 65.

90. Nous allons nous occuper des primes d'admission (13). Il est hors de doute que la prime d'admission doit concourir à augmenter la rente, la prime annuelle restant la même ; elle doit au contraire diminuer la prime, la rente étant constante.

La liquidation doit aussi augmenter par le payement de la prime d'admission, que nous désignerons par A.

PROBLÈME LII.

91. Connaissant *les âges* (a, x) *du premier versement et du premier payement, la prime annuelle* (p), *la prime d'admission* (A), déterminer *la rente* (R).

$$R = \frac{AZa + p\,(Sa - Sx)}{Sx}$$

Règle.

1° *Calculez la rente provenant de la prime d'admission comme au n°* 33 ;

2° *Calculez la rente produite par la prime annuelle comme au n°* 56 ;

3° *Réunissez les deux résultats.*

EXEMPLE.

A partir de 48 ans on place, tous les ans, 250 fr. pour avoir une rente à 58 ans ; on paye en outre 20 fr. de prime d'admission. (Duvillard 4 ½ %.)

1° Table XVI, col. S, à 48 ans. 2580,6941 × 20 = 51613,8820 / Col. à 58 ans. . 11804,7085 = 4 fr. 38 c.

2° Col. S, à 48 ans. . 30947,8914
à 58 ans. . 11804,7085

Différence. . . 19143,1829 × 250 = 478579,5725 / à 58 ans. . 11804,7085 } 405, 41

Somme ou rente. 409 fr. 79 c.

PROBLÈME LIII.

92. Connaissant *les âges* (a, x) *du premier versement et du premier payement, la prime d'admission* (A), *la rente* (R), déterminer *la prime* (p).

$$p = \frac{R\,S_x - A\,z_a}{S_a - S_x}$$

Règle.

1° *Calculez la prime donnée par la rente comme au n° 57 ;*

2° *Calculez la prime provenant de la prime d'admission comme au n° 57 ;*

3° *Prenez le différence entre les deux résultats précédents.*

EXEMPLE.

On paye 25 fr. de prime d'admission, et on s'engage à verser, tous les six mois, une prime semestrielle, à partir de l'âge de 40 ans, pour avoir 1200 fr. de rente, tous les semestres, à l'âge de 55 ans. Déterminer la prime. (Déparcieux 1 $\frac{1}{2}$ %.)

1° Table VII, col. S, à 55 ans. 44244,3482 × 1200 = 53093217,8400
Col. S, à 40 ans. 119054,9693 / à 55 ans. 44244,3482 } Différence. 74810,6211 } = 709 fr. 70 c.

2° Col. Z, à 40 ans. 3329,3847 × 25 83234,6175 / Diviseur trouvé 1°. 74810,621 } = 1, 11

3° Différence. . . . . 708 fr. 59 c. = la prime.

PROBLÈME LIV.

Liquidation. **93.** Connaissant *la prime annuelle* (p), *la prime d'admission* (A) *et l'âge* (a) *du premier verse-*

ment, déterminer *la liquidation* d'un déposant qui à *l'âge y,* ne peut plus continuer ses payements.

$$\text{Liquidation } \frac{A\,Za + p\,(Sa - Sy)}{Zy}$$

Règle.

1° *Déterminez la liquidation provenant de la prime annuelle comme au n° 58 ;*

2° *Multipliez la prime d'admission par le nombre* (col. Z) *qui correspond à l'âge du premier versement, et divisez le produit par le nombre* (col. Z) *qui correspond à l'âge de la cessation de payement ;*

3° *Réunissez les résultats précédents.*

EXEMPLE.

A 44 ans on verse une prime d'admission de 30 fr., et on s'engage à verser 400 fr., tous les ans, pour avoir plus tard une rente viagère; mais, arrivé à 48 ans, le déposant ne peut plus continuer ses payements, combien lui revient-il? (Déparcieux 4 %.)

1°	Table III, col. S, à 44 ans.	67818,0544		
	à 48 ans.	51221,8183		
	Différence.	16596,2361 × 400 =	6638494,4400	= 1824,35
	Col. Z, à 48 ans.		3638,8188	
2°	Col. Z, à 44 ans.	4470,1038 × 30 =	134103,1140	36,86
	Col. Z, à 48 ans.		3638,8188	
		Somme ou liquidation.		1861,21

PROBLÈME LV.

Compte primes. **94.** Connaissant *l'âge* (a) d'un déposant qui désire payer de suite plusieurs *primes* (n), déterminer *la somme* qu'il doit verser.

Remarquons que s'il escompte plusieurs primes lors de son entrée dans la société, on calculera comme au n° 60, en ajoutant la prime d'admission au résultat obtenu.

Si, au contraire, il veut escompter après son admission, la somme à verser s'obtiendra comme au n° 60, sans rien ajouter.

Les deux observations résultent de la formule

$$A + \frac{p\,(Sa - Sa + n + 1)}{Za}$$

EXEMPLE.

On entre dans une société à 45 ans ; on s'engage à payer, tous les ans, une prime de 250 fr. et une prime d'admission de 30 fr. ; on veut escompter quatre primes, quelle somme faut-il payer de suite? (Duvillard 3 %.)

Table XIII, col. S, à 45 ans. 21984,5512
4 primes à 49 ans. 16391,6098

Différence. . . 5592,9414 × 250 = 1398235,3500 / Col. Z, à 45 ans. . . . . 1508,1513 = 927 fr. 12 c.
Ajoutant la prime d'admission. 30,00

Somme à verser de suite. . . . . 957 fr. 12 c.

Si l'escompte des primes a lieu pendant le cours de l'opération, on prendra, dans les Tables, les nombres qui correspondent à l'âge du déposant lorsqu'il fait l'escompte, et alors on n'ajoutera pas la prime d'admission qui a été payée en commençant (60).

Dans l'exemple ci-dessus, si le déposant a 54 ans lorsqu'il veut escompter quatre primes, on aura

Table XIII, à 54 ans. 10906,2455
4 primes à 58 ans. 7553,3332

Différence. . 3352,9123 × 250 = 838228,0750 / Col. Z, à 54 ans. 917,0844 = 914 fr. 01 c. à verser de suite.

95. On désire aussi quelquefois constituer une rente ou annuité temporaire, c'est-à-dire limitée à un certain nombre d'années. Cette manière de se créer une ressource donne lieu aux problèmes suivants :

PROBLÈME LVI.

Connaissant *la rente temporaire* (R), *l'âge de la personne* qui veut la constituer, *le nombre d'années* dont elle veut en jouir, déterminer *la somme* (P) à verser. (J'appellerai n ce dernier nombre d'années.)

$$P = \frac{R(S_{a+1} - S_{a+1+n})}{Z_a}$$

Règle.

1° *Prenez la différence entre les nombres* (col. S) *qui correspondent à l'âge du déposant, augmenté d'une unité, et à celui qui correspond à ce même âge, augmenté d'une unité et du nombre d'années que doit durer la rente temporaire.*

2° *Multipliez cette différence par la rente, et divisez le produit par le nombre (col. Z) qui correspond à l'âge du déposant.*

EXEMPLE.

A 62 ans on veut s'assurer 500 fr. de rente viagère pendant 6 ans, quelle somme doit-on verser de suite ? (Moyenne 5 %.)

1° Table XXII, col. S, à 63 ans. 12774,7857
62 ans + 6 + 1 à 69 ans. 5780,4166

Différence. . . . . 6994,3691 × 500 = 3497184,5500 } 2212 fr.
Divisant par le nombre col. Z, à 62 ans. . . . 1581,0076 }

PROBLÈME LVII.

96. Connaissant *l'âge* (a) auquel on veut se constituer une rente temporaire (R), *la somme* (P) dont on peut disposer, déterminer *la rente.*

$$R = \frac{P\,Z_a}{S_{a+1} - S_{a+n+1}}$$

Règle.

1° *Multipliez le placement par le nombre* (col. Z) *qui correspond à l'âge du déposant ;*

2° *Prenez la différence entre les nombres* (col. S) *qui correspondent à l'âge du placement, augmenté d'une unité, et de celui qui correspondant à cet âge, augmenté de l'unité et du nombre d'années que doit durer la rente ;*

3° *Divisez le résultat 1° par le résultat 2°.*

EXEMPLE.

A 70 ans on peut disposer de 7000 fr., et on veut se constituer une rente pendant cinq ans, quelle rente aura-t-on ? (Déparcieux 4 %.)

1° Table III, col. Z, à 70 ans. 794,6243 × 700 = 556237,0100
2° Col. S, à 71 ans. 5080,6288
à 76 ans. 2198,4832

Différence. . . 2882,1456

3° $\frac{556237,0100}{2882,1456}$ = 192 fr. 9941 ou simplement 193 fr.

PRIMES VARIABLES.

97. Nous allons nous occuper de la prime variable, et nous ne pouvons en faire une meilleure application que celle des pensions de chemins de fer.

Les administrations des chemins de fer constituent maintenant à leurs agents des pensions aux conditions suivantes :

20 ans de service, dans le service actif; 25 ans dans le service sédentaire.

Une retenue de 3 % faite sur tous les appointements.

Cette retenue est versée à la Caisse de la vieillesse, qui, conformément à la loi du 28 mai 1853, bonifie 4 $\frac{1}{2}$ % d'intérêt et les chances de mortalité d'après Déparcieux. Cette caisse délivre un livret au déposant.

La pension ne peut être acquise que de 50 à 60 ans inclusivement (mes Tables pourront aisément les porter à 65 ans, si, comme on le dit, quelques compagnies veulent aller jusque-là), et ne peut aller au-delà de 750 fr.

L'employé doit fixer en entrant l'âge auquel il prendra sa retraite.

Il a le choix du capital aliéné, ou fonds perdu, et du capital réservé, c'est-à-dire qu'on remet à ses héritiers toutes les sommes versées.

Si l'employé est marié, ou s'il se marie après son entrée dans l'administration, la moitié de sa retenue est portée au livret de sa femme.

Si les conjoints sont tous deux employés dans la même compagnie, la moitié de la retenue du mari passe au compte de la femme, et la moitié de la retenue de la femme passe au compte du mari.

Les diverses administrations ont adopté un système de rémunération des services rendus ; mais ces avantages n'ont aucune influence sur les calculs que nous allons établir.

RÈGLE POUR LE CAPITAL ALIÉNÉ.

PROBLÈME LVIII.

98. 1° *Prenez* (Table IV) *les nombres* (col. S) *qui correspondent à l'âge d'entrée, aux âges de l'employé lors des augmentations et à l'âge fixé pour la pension; prenez la différence entre ces nombres et multipliez chacune d'elles par la retenue qui lui convient ;*

2° *Faites une somme des produits, et* 3° *divisez-la par le nombre* (col. S) *qui correspond à l'âge fixé pour la pension.*

Exemple.

Capital aliéné. Un employé entre au service d'une compagnie à 36 ans; il est célibataire. Ses premiers appointements sont :

à 36 ans	de 5000 fr.	Retenue	150 fr.
à 40	de 5500		165
à 45	de 6000		180

et il fixe sa retraite à 55 ans ; quelle pension aura-t-il ?

S_{36}	140467,9883		
		32513,0347 × 150 =	4876955,2050
S_{40}	107954,9536		
		31804,2264 × 165 =	5247697,3560
S_{45}	76150,7272		
		41924,2713 × 180 =	7546368,8340
S_{55}	34226,4559		
		Somme. . . .	17671021,3950 (A)
		Divisant par S_{55}. . . .	34226,4559

On a 517 fr. pour la pension.

RÈGLE POUR LE CAPITAL RÉSERVÉ.

PROBLÈME LIX.

99. 1° *Conformez-vous aux nos 1 et 2 de la règle donnée* (98) *plus haut ;*

2° *Prenez* (col. Σ) *les nombres qui correspondent aux âges, augmentés d'une unité* (excepté l'âge de la pension) ; *prenez les différences entre ces nombres ;*

3° *De ces différences, retranchez le nombre* (col. S) *qui correspond à l'âge de la prise de pension autant de fois qu'il y a d'unités entre les âges lors des augmentations, à l'exception de l'intervalle entre la dernière augmentation et le payement de la pension, dont on retranche une unité ;*

4° *Multipliez chacun de ces restes par la retenue qui lui est propre ;*

5° *Multipliez chaque retenue par le nombre d'années écoulées entre les augmentations et la mise à la retraite* (la somme de ces produits donne la somme que le titulaire laisse à ses héritiers), *et les produits par le nombre* (col. S) *qui correspond à l'âge de la pension ;*

6° *Faites une somme des résultats trouvés* 1°, 4° et 5°, *multipliez-la par* 0.045 *et divisez le produit par* 1.045 ;

7° Enfin, *divisez le quotient trouvé* 6° *par le nombre* (col. S) *qui correspond à l'âge de la mise à la retraite, et vous aurez la rente.*

Capital réservé.

100.

Σ_{37} 1713798,0685

Σ_{41} 1235435,8631

Σ_{46} 794561,3422

Σ_{55} 318464,5704

1° Somme trouvée plus haut (A) n° 98.	17671021,3950
$478362{,}2054 - (4\,S_{53})\ 136905{,}8236 = 341456{,}3218 \times 150$	51218457,2700
$440874{,}5209 - (5\,S_{53})\ 171132{,}2795 = 269742{,}2414 \times 165$	44507469,8310
$476096{,}7718 - (9\,S_{53})\ 308038{,}1031 = 168058{,}6687 \times 180$	30250560,3660
5° $S_{55} \times 3225 = 34226{,}4559 \times 3225$	110380320,2775
6° Somme.	254027829,1395

$$254027829{,}1395 \times 0{,}045 \quad \frac{11431252{,}3113}{1{,}045} = 10938997{,}4270$$

7° $$\frac{10938997{,}4270}{S'_{53} = 34226{,}4559} = \text{la pension } 319 \text{ fr. } 60649.$$

(L'exemple 14ᵉ du *Guide de l'employé pour le chemin de fer du Nord* donne 314. Cette différence n'existe pas ici, car, à la fin des Tables, on trouvera un tableau arithmétique de toute l'opération.)

EXEMPLE.

101. Un employé entre dans l'administration des chemins de fer

à 28 ans avec un traitement de	1200 fr.	Retenue	36 fr.
à 31 ans il est porté	à 1500		45
à 35 ans il est porté	à 1800	½ retenue	27
à 40 ans il est porté	à 2000		30
à 43 ans il est porté	à 2400		36

A 35 ans il se marie avec une femme de 30 ans. Il prendra sa pension à 50 ans. On demande sa pension et celle de sa femme, dans les deux cas.

Capital aliéné.

S_{28} 231608,2116

S_{31} 192658,7184

S_{35} 149783,7980

S_{40} 107954,9536

S_{43} 87835,5261

S_{50} 52069,3067

$38949{,}4932 \times 36 = 1402181{,}7552$

$42874{,}9204 \times 45 = 1929371{,}4180$

$41828{,}8444 \times 27 = 1129378{,}7985$

$20119{,}4275 \times 30 = 603582{,}8250$

$35766{,}2194 \times 36 = 1287583{,}8984$

$$\frac{\text{Somme. . . . } 6352098{,}6954 \ \text{(A)}}{S_{50} \ldots\ldots \ 52069{,}3067} = 122 = \text{la pension (capital aliéné).}$$

		Somme trouvée (A).	6352098,6954
pital réservé. Σ_{29} 3130260,2251	615503,4594 — (3 S_{50}) 156207,9201 =	459295,5393 × 36 =	16534639,4148
Σ_{32} 2514756,7657	660490,7089 — (4 S_{50}) 208277,2268 =	452213,4821 × 45 =	20349606,6945
Σ_{36} 1854266,0568	618830,1937 — (5 S_{50}) 260346,5335 =	358483,6602 × 27 =	9679058,8254
Σ_{41} 1235435,8631	282891,5383 — (3 S_{50}) 156207,9201 =	126683,6182 × 30 =	3800508,5460
Σ_{44} 952544,3248	411673,3889 — (6 S_{50}) 312415,8402 =	99257,5487 × 36 =	3573271,7532
Σ_{50} 540870,9359	5° S_{50} 52069,3067 × 765		39833019,6255
		Somme (D).	100122203,5548

6° $$100122203,5548 \times 0,045 = \frac{4505499,1600}{1,045} = 4311482,4497$$

7° $$\frac{4311482,4497}{S_{50} = 52069,3067} = 82 \text{ fr. } 80 \text{ c.} = \text{la pension (capital réservé).}$$

La somme laissée aux héritiers 765 fr.

102. Pour la femme :

tal aliéné. S_{50} 204937,0299	55153,2319 × 27 =	1489137,2613
S_{55} 149783,7980	26461,7888 × 30 =	793853,6640
S_{58} 123322,0092	47171,2820 × 36 =	1698166,1520
S_{45} 76150,7272	Somme (B). . .	3981157,0773

$$\frac{3981157,0773}{S_{50} = 52069,3067}$$

76 fr. 46 c. égale la pension à 50 ans.

		Somme trouvée (B).	3981157,0773
pital réservé. Σ_{31} 2707415,4841	853149,4273 — (5 S_{45}) 380753,6360 =	472395,7913 × 27 =	12754686,3651
Σ_{36} 1854266,0568	395446,0979 — (3 S_{45}) 228452,1816 =	166993,9163 × 30 =	5009817,4890
Σ_{39} 1458819,9589	588107,8895 — (6 S_{54}) 456904,3632 =	131203,5263 × 36 =	4723326,9468
Σ_{45} 870712,0694	S_{45} = 76150,7272 × 477		36323896,8744
		Somme (E).	62792884,7526

6° $$62792884,7526 \times 0,045 = \frac{2825679,8139}{1,045} = 2703979,8219$$

7° $$\frac{2703999,8219}{S_{50} = 52069,3067} = 51 \text{ fr. } 93 \text{ c.} = \text{la pension de la femme (capital réservé).}$$

Elle laissera 477 à ses héritiers.

Changement dans l'époque de la pension.

103. Dans l'exemple que nous venons de traiter, l'employé avait fixé sa pension à 50 ans ; mais s'il voulait prolonger son temps de service au-delà du terme, à 55 ans par exemple, quelle serait sa pension ?

EXEMPLE.

1° *La pension fixée d'abord étant calculée ;*

2° *Prenez la différence entre les nombres* (col. S) *qui correspondent à l'âge fixé d'abord et à l'âge auquel on reporte la pension ;*

3° *Multipliez cette différence par la retenue ; au produit ajoutez la somme trouvée plus haut pour* 50 *ans ; divisez le produit par le nombre* (col. S) *qui correspond à l'âge fixé en dernier lieu, vous obtiendrez la nouvelle pension.*

Capital aliéné.

2° Col. S, à 50 ans.	52069,3067
à 55 ans..	34226,4559
	17842,8508
3° Multiplié par. . . .	36
Produit..	642342,6288
Nombre trouvé (A) n° 101.	6352098,6954
(C) Somme. .	6994441,3242 | S_{55} = 34226,4559

204 fr. 36 c. = la nouvelle pension.

104. S'il s'agit de la femme, le diviseur devra être le nombre de la col. S qui correspond à l'âge de la femme, qui ne sera pas au-dessous de 50 ans.

Capital aliéné.

Pour la femme :

1° Col. S, à 45 ans. . .	76150,7272
à 50 ans. . .	52069,3067
2° Différence.	24081,4205
3° Multiplié par.	36
	866931,1380
Nombre trouvé (B) 102.	3981157,0773
(D) Somme.. . .	4848088,2153 | S_{50} = 52069,3067

93 fr. 11 c. = la nouvelle pension,

Capital réservé.

105. La règle est la même qu'au n° 103 ; seulement, au lieu de se servir de la col. S, on prendra celle des Σ.

Pour le mari :

Col. Σ, 50.	540870,9359
Col. Σ, 55.	318464,5704
Différence. . .	222406,3655
Multipliant par. . .	36
Produit. . . .	8006629,1580
Nombre trouvé D. .	100122203,5548 (101) à 50 ans, capital réservé.
S_{55}.	108128832,7028 × 0,045 = 4656265,5149

$$\frac{108128832,7028 \times 0,045}{1,045} = 4656265,5149$$

$$\frac{4656265,5149}{34226,4557} = 136 \text{ fr.} = \text{la pension à 55 ans.}$$

et à ses héritiers 945 fr.

106. Pour la femme :

Σ, à 45 ans.. . . .	870712,0694
Σ, à 50 ans.. . . .	540870,9359
Différence. .	329841,1335
Multiplié par	36
Produit. . . .	11874280,8060
Nombre trouvé (E).	62792398,7006 (n° 102) pension de la femme à 50 ans.
Somme. . . .	74666679,5066 × 0,045 = 3215311,5576

$$\frac{3215311,5576}{S_{50} = 52069,3067} = 61 \text{ fr. } 75 \text{ c.} = \text{la pension de la femme à 50 ans.}$$

Elle laisse à ses héritiers 657 fr.

107. Il est bon de remarquer que les quatre résultats que nous venons d'obtenir en reportant la prise de pension à 55 ans pour les hommes, et à 50 ans pour les femmes, seraient obtenus en opérant avec les âges, en suivant la méthode ordinaire.

S_{28} 231608,2116		
S_{31} 192658,7184	38949,4932 × 36 =	1402181,7552
S_{35} 149783,7980	42874,9204 × 45 =	1929371,4180
S_{40} 107954,9536	41828,8444 × 27 =	1129378,7988
S_{43} 87835,5261	20119,4275 × 30 =	603582,8250
S_{55} 34226,4559	53609,0702 × 36 =	1929926,5272
	Somme (A).....	6994441,3242

$$\frac{6994441,3242}{S_{55} = 34226,4559} = 204,36 \text{ comme au n° 103.}$$

	Somme A....	6994441,3242
Σ_{29} 3130260,2251	615503,4594 — (3 S_{55}) 102679,3677 = 512824,0917 × 36 =	18461667,3012
Σ_{32} 2514756,7657	660490,7089 — (4 S_{55}) 136905,8236 = 523584,8853 × 45 =	23561319,8385
Σ_{36} 1854266,0568	618830,1937 — (5 S_{55}) 171132,2795 = 447697,9142 × 27 =	12087843,6834
Σ_{41} 1235435,8631	282891,5383 — (3 S_{55}) 102679,3677 = 180212,1706 × 30 =	5406365,1180
Σ_{44} 952544,3248	634079,7544 — (11S_{55}) 376491,0149 = 257588,7395 × 36 =	9273194,6920
Σ_{55} 318464,5704	S_{55} = 34226,4559 × 945 =	32344000,8255
	Somme.....	108128832,7828

$$\frac{108128832,7828 \times 0,045}{1,045} = 4656265,5265$$

$$\frac{4656265,5265}{S_{55} = 34226,4559} = 136 \text{ comme au n° 105}$$

108. Un agent entre au service de la compagnie à 28 ans avec 1800 fr. d'appointements ; il est marié à une femme de 23 ans ; il prend sa retraite à 55 ans, et a toujours eu le même traitement. On demande sa pension et celle de sa femme : appointements 1800 fr.; retenue 54 fr.; moitié de la retenue 27 fr.

Capital aliéné.

S_{28} 231608,2116 }
S_{55} 34226,4559 } 197381,7557 × 27 = 5329307,4039 (A)

$$\frac{5329307,4039}{S_{55} = 34226,4559} = 155,71 = \text{pension de l'homme.}$$

...ital réservé. **109.** (108) Somme trouvée (A). . . 5329307,4039

Σ_{29} 3130260,2251 } 2811795,6507 — (26 S_{55}) 889887,8534 = 1921907,8013 × 27 = 51891510,6351
Σ_{55} 318464,5704 }

S_{55} × 729 = 34226,4559 × 729 24951086,3511

Il laisse 729 fr. à ses héritiers. Somme (B). 82171904,9901

$$\frac{82171904,9901 \times 0,045}{1,045} = 3538503,0857$$

$$\frac{3538503,0857}{S_{55} = 34226,4559} = 103 \text{ fr. } 09 \text{ c.} = \text{pension du mari.}$$

et il laisse 729 fr. à ses héritiers.

...pital aliéné. **110.** La pension de la femme :

S_{23} = 312512,3524 } 260443,0457 × 27 = 7031962,2339 (C)
S_{50} = 52069,3067 }

$$\frac{7031962,2339}{S_{50} = 52069,3067} = 135 \text{ fr. } 05 \text{ c.} = \text{la pension de la femme.}$$

...ital réservé. **111.** (110) Somme (C). 7031962,2339

Σ_{24} 4441326,5235 } 3900455,5876 — (26 S_{50}) 1353801,9742 = 2546653,6134 × 27 = 68579647,5618
Σ_{50} 540870,9359 }

S_{50} × 729. 37958524,5343

Somme (D). . 113570134,3300

$$\frac{113570134,3300 \times 0,045}{1,045} = 4890579,9472$$

$$\frac{4890579,9472}{S_{50} = 52069,3067} = 93 \text{ fr. } 92 \text{ c.} = \text{la pension de la femme.}$$

...ital aliéné. **112.** Quelle serait la pension de l'homme et celle de la femme dans le cas où le mari continuerait son service jusqu'à 58 ans, ce qui porterait la femme à l'âge de 53 ans? (103.104.105.)

S_{55} 34226,4557 } 8223,9634 × 27 = 222047,0172
S_{58} 26002,4923 }

(108) Somme (A). 5329307,4039

Somme. 5551354,4211 = 213 fr. 45 c. = pension du mari à 58 ans.

Σ_{55} 318464,5704 }
Σ_{58} 224378,2052 } 94086,3652 × 27 = 2540331,8604

Somme trouvée (B). 82171904,9901

(109) Somme. . . 84712236,8505

$$\frac{84712236,8505 \times 0,045}{1,045} = 3647895,3668$$

$$\frac{3647895,3668}{S_{58} = 26002,4923} = 140 \text{ fr. } 29 \text{ c.}$$ = pension du mari à 58 ans, et 810 fr. à ses héritiers.

$S_{50} =$ 52069,3067 }
$S_{53} =$ 40692,5374 } 11376,7693 × 27 = 307172,7711

Somme C. (110). . . . 7031962,2339

Somme.. 7339135,0050

$$\frac{7339135,0050}{S_{53}\ 40692,5374} = 180 \text{ fr. } 35 \text{ c.}$$ = la pension de la femme à 53 ans.

Σ_{50} 540870,9359 }
Σ_{53} 396512,7678 } 144358,1681 × 27 = 3897670,5387

(111) Somme trouvée (D). 113570134,3300

117467804,8687

$$\frac{117467804,8687 \times 0,045}{1,045} = 5058422,2192$$

$$\frac{5058422,2192}{S_{53}\ 40692,5374} = 124 \text{ fr. } 30 \text{ c.}$$ = pension de la femme à 53 ans.

et elle laisse, comme son mari, 810 fr. à ses héritiers.

113. La loi du 28 mai 1853 accorde aux déposants la faculté, lorsqu'ils ont choisi le *capital réservé*, de venir prévenir qu'ils désirent avoir une rente à *capital aliéné*. La loi veut que cette déclaration soit faite lors de l'envoi en jouissance, c'est-à-dire dans le délai qui précède le premier payement.

Les calculs seraient difficiles avec mes tables; je pense qu'on me pardonnera de faire usage du tableau qui suit, publié par les bureaux de la caisse de la vieillesse.

AGE DU TITULAIRE LORS DE L'ABANDON.	RENTE AVEC JOUISSANCE IMMÉDIATE.	AGE DU TITULAIRE LORS DE L'ABANDON.	RENTE AVEC JOUISSANCE IMMÉDIATE.
50	0,036426	58	0,052057
51	0,038040	59	0,054639
52	0,039666	60	0,057490
53	0,041426	61	0,060695
54	0,043349	62	0,064191
55	0,045280	63	0,067888
56	0,047391	64	0,072038
57	0,049709	65	0,076734

Un employé qui aurait versé 1671 fr. à 30 ans pour avoir à 50 ans une rente de 300 fr. en se réservant le capital, vient à 49 ans déclarer qu'il abandonne la somme versée et prendre sa rente avec le capital aliéné.

Nombre à 50 ans : $0,036426 \times 1671 = 61$ fr.; il aura donc 361 fr.

Par le problème LVII, n° 98, on trouverait qu'il aurait eu 418 fr. s'il eût pris l'abandon du capital lors du versement.

114. Un déposant qui, à partir de l'âge de 30 ans, aurait versé 51 fr. tous les ans pour avoir une pension de 300 fr. à 60 ans, et à capital réservé, vient à 59 ans déclarer qu'il désire abandonner le capital 1530 fr. qu'il a versé et avoir une rente plus forte.

Nombre à 60 ans : $0,057490 \times 1530 = 88$ fr.; il aura donc 388 fr.

S'il eût abandonné le capital lors du premier versement, il aurait eu 469 fr. Problème LVII, n° 98.

urances. **115.** Il y a deux espèces d'assurances : la première en cas de décès, c'est-à-dire qu'on assurera une somme déterminée à ses héritiers ; la seconde en cas de survie, c'est-à-dire qu'on recevra une somme déterminée si on existe à une époque fixée d'avance.

Traitons le premier cas.

PROBLÈME LIX.

116. Connaissant *l'âge* (a) de la personne qui veut assurer une somme M à ses héritiers, lors de son décès, déterminer *la prime unique* (P) à payer de suite.

$$P = \frac{\left(\frac{S_a}{b} - S_{a+1}\right) M}{Z_a}$$

Règle.

1° *Divisez le nombre* (col. S) *qui correspond à l'âge de l'assuré par l'unité, augmentée de la* 100e *partie du taux;*

2° *Du quotient retranchez le nombre* (col. S) *qui correspond à l'âge, augmenté d'une unité;*

3° *Divisez le reste par le nombre* (col. S) *qui correspond à l'âge de la personne qui assure, et multipliez le quotient par la somme assurée.*

EXEMPLE.

Quelle somme faut-il placer à 20 ans pour assurer 1000 fr. à ses héritiers lorsqu'on décédera? (Déparcieux 4 ½ %.)

1° Table IV, col. S, à 20 ans. $\frac{372678,5226}{1,045} = 356630,1652$

à 21 ans.	351532,4413		
Différence.	5097,7239	= 0,241072	
Col. Z, à 20 ans.	21146,0813		
Multipliant par 1000 fr.			1000
Prime à payer de suite.			241 fr. 07 c.

Les personnes peu versées dans ce genre de calcul trouveront extraordinaire qu'une compagnie s'engage à payer 1000 fr. par décès, moyennant une prime de 241 fr. 07 c. Pour les convaincre, nous traiterons la question suivante : Quelle somme faut-il payer à 88 ans à une compagnie pour assurer 1000 fr. à ses héritiers? (Déparcieux 5 %.) On trouve 872 fr. 5837 (116).

Or, à 88 ans, il y a 22 survivants; c'est donc 872 fr. 5837 × 22 = ...	19196	84
Intérêt à 5 %.	959	84
A reporter. . .	20156	68

Report.	20156	68
De 88 à 89 ans, il y a 6 décès; la compagnie paye.	6000	»
Reste.	14156	68
Intérêt 5 %.	707	83
	14864	51
De 89 à 90 ans, il y a 5 décès ; la compagnie paye.	5000	»
Reste.	9864	51
Intérêt à 5 %.	493	23
	10357	74
De 90 à 91 ans, il y a 4 décès; la compagnie paye.	4000	»
Reste.	6357	74
Intérêt à 5 %.	317	89
	6675	63
De 91 à 92 ans, il y a 3 décès; la compagnie paye.	3000	»
Reste.	3675	63
Intérêt à 5 %.	183	78
	3859	41
De 92 à 93 ans, il y a 2 décès; la compagnie paye.	2000	»
Reste.	1859	41
Intérêt à 5 %.	92	97
	1952	38
De 93 à 94 ans, il y a un décès; la compagnie paye.	1000	»
Reste.	952	38
Intérêt à 5 %.	47	62
Le dernier survivant meurt de 94 à 95 ans, et il y a en caisse 1000. . . pour ses héritiers.	1000	00

PROBLÈME LXI.

117. Connaissant *l'âge* (a) *la prime unique* P, *déterminer la somme* (M) que recevront les héritiers des assurés décédés.

$$M = \frac{P\,Z_a}{\frac{S_a}{b} - S_{a+1}}$$

Règle.

1° *Multipliez la somme versée par le nombre* (col. Z) *qui correspond à l'âge ;*

2° *Divisez le nombre* (col. S) *qui correspond à l'âge par l'unité, augmentée de la* 100° *partie du taux, et du quotient retranchez le nombre* (col. S) *qui correspond à l'âge augmenté d'une unité ;*

3° *Divisez le résultat* 1° *par le résultat* 2°.

EXEMPLE.

Pour 2000 fr. versés à une compagnie d'assurances par une personne de 60 ans, combien recevront les héritiers lors de son décès ? (Duvillard 3 %.)

1° Table XIII, col. Z, à 60 ans. $620,2316 \times 2000 = 1240463,2000$

2° Col. S, à 60 ans. $\dfrac{6174,2779}{1,03} = 5994,4446$

Col. S, à 61 ans. 5554,0463

Différence. 440,3983

3° $\dfrac{1240463,2000}{440,3983} = 2816$ fr. 68 c. = part des héritiers.

118. Ce problème peut s'appliquer aux emprunts. Par exemple, si une personne âgée de 55 ans empruntait 10,000 fr., à condition que cette dette soit remboursée lors de son décès, quelle somme les héritiers auraient-ils à payer à son créancier ? (Moyenne 4 %.)

1° Table XX, col. Z, à 55 ans. $1877,1991 \times 10000 = 18771991$

2° Col. S, à 55 ans. $\dfrac{21968,3010}{1,04} = 21123,3672$

Col. S, à 56 ans. 20091,1028

1032,2644

3° $\dfrac{18771991}{1032,2644} = 18185$ fr. 25 c. = somme à rembourser.

PROBLÈME LXII.

119. Connaissant *l'âge* (a) de l'assuré, *la somme* (M) qu'il veut laisser à ses héritiers, déterminer *la prime annuelle* (p).

$$p = \frac{\left(\frac{S_a}{b} - S_{a+1}\right)}{S_a} M$$

Règle.

1° *Divisez le nombre* (col. S) *qui correspond à l'âge donné par l'unité, augmentée de la 100ᵉ partie du taux, et du quotient retranchez le nombre* (col. S) *qui correspond à ce même âge augmenté d'une unité; multipliez le reste par la somme assurée;*

2° *Divisez ce dernier produit par le nombre* (col. S) *qui correspond à l'âge connu.*

EXEMPLE.

A 40 ans, quelle prime faudrait-il payer tous les ans à une compagnie pour assurer 15,000 fr. à ses héritiers? (Duvillard 4 %.)

1° Table XV, col. S, à 40 ans. $\frac{47447,7959}{1,04} = 45622,8807$

Col. S, à 41 ans. 44129,6661

Différence. . . . . . 1493,2146 × 15000 = 22398219

2° $\frac{22398219}{47447,7959} = 472$ fr. 06 c. = la prime annuelle.

PROBLÈME LXIII.

120. Connaissant *l'âge* (a) de l'assuré, *la prime annuelle* (p), déterminer la somme (M) qu'il laissera à ses héritiers.

$$M = \frac{p\,S_a}{\frac{S_a}{b} - S_{a+1}}$$

Règle.

1° *Multiplier le nombre* (col. S) *qui correspond à l'âge de l'assuré par la prime* (p);

2° *Divisez ce même nombre par l'unité, augmentée de la 100ᵉ partie du taux, et du quotient retranchez le nombre* (col. S) *qui correspond à l'âge augmenté d'une unité;*

3° *Divisez le premier résultat par le second.*

EXEMPLE.

On dispose tous les ans, à partir de 55 ans, d'une somme de 300 fr., quelle somme devront recevoir les héritiers de l'assuré? (Moyenne 4 %.)

1° Table XX, col. S, à 55 ans. 21968,3019 × 300 = 6590490,5700

2° Col. S, à 55 ans. $\frac{21968,3019}{1,04} = 21123,3672$

à 56 ans. 20091,1028

Différence. 1032,2644

3° $\frac{6590490,5700}{1032,2644} = 6384$ fr. 49 c.

PROBLÈME LXIV.

121. Connaissant *la somme prêtée* (M), *l'âge* (a) de celui qui emprunte, *le temps* (n) qu'il demande pour rembourser, déterminer la prime annuelle (p).

$$p = \frac{M Z_a}{S_{a+1} - S_{a+1+n}}$$

Règle.

1° *Multipliez le nombre* (col. Z) *qui correspond à l'âge de l'emprunteur par la somme empruntée ;*

2° *Du nombre* (col. S) *qui correspond à l'âge augmenté d'une unité, retranchez celui qui correspond à l'âge augmenté d'une unité et du nombre d'années que doit durer l'amortissement ;*

3° *Divisez le premier résultat par le second.*

EXEMPLE.

Quelle somme faudrait-il payer tous les ans, à une compagnie, pour se libérer en 20 ans d'un emprunt de 10,000 fr. fait à l'âge de 25 ans ? (Déparcieux 5 %.)

1° Table V. col. Z, à 25 ans. 22428,6223 × 10000 = 224286223

2° Col. S, à 26 ans. 339060,5988 } Différence 254232,2475
à 46 ans. 84828,3513 }

3° $\frac{224286223}{254232,2475} = 882$ fr. 20997 = la prime cherchée.

122. Si on compare ce résultat à celui qu'on obtiendrait par l'amortissement ordinaire (802 fr. 43 c.), on voit qu'on peut faire l'opération en viager moyennant une somme annuelle de 79 fr. 78 c. en plus, c'est-à-dire en payant 0,80 % de plus.

Dans une compagnie qui se livre à ce genre d'opérations, on demande 8 fr. 57 c. % ; dans le résultat ci-dessus, on a trouvé 8 fr. 82 c. %, c'est donc une différence en plus de 0,25 c. %.

Je sais qu'une compagnie doit avoir un bénéfice pour couvrir ses frais généraux ; mais voici pour quel motif j'insiste sur ces résultats. Lorsqu'une personne emprunte à une compagnie, si elle vient à décéder, elle laisse des charges à ses héritiers, tandis que dans le système viager la succession est tout à fait liquide. Formons-en un tableau arithmétique.

ANNÉES.	SOMME DUE au commencement de l'année. (1) fr.	c.	INTÉRÊT à 5 0/0. fr.	c.	SURVIVANTS.	PAYEMENT ANNUEL. (2) fr.	c.	AMORTISSEMENT ou différence entre le payement et l'intérêt. (3) fr.	c.
1	7740000	»	387000	»	766	675772	84	288772	84
2	7451227	16	372561	36	758	668715	16	296153	80
3	7155073	36	357753	67	750	661657	47	303903	80
4	6851169	56	342558	48	742	654599	80	312041	32
5	6539128	24	326956	41	734	647542	11	320585	70
6	6218542	54	310927	13	726	640484	44	329557	31
7	5688985	23	294449	26	718	633426	76	338977	50
8	5550007	73	277500	39	710	626369	08	348868	69
9	5201139	04	260056	95	702	619311	40	359254	45
10	4841884	59	242094	23	694	612253	72	370159	49
11	4471725	10	223586	26	686	605196	04	381609	78
12	4090115	32	204505	77	678	598138	36	393632	59
13	3696482	73	184824	14	671	591962	89	407138	75
14	3289343	98	164467	20	664	585787	42	421320	22
15	2868023	76	143401	19	657	579611	95	436210	76
16	2431813	»	121590	65	650	573436	48	451845	83
17	1979967	17	98998	36	643	567261	01	468262	65
18	1511704	52	75585	22	636	561085	54	485500	32
19	1026204	20	51310	21	629	554910	07	503599	86
20	522604	34	26130	22	622	548734	60	522604	38

OBSERVATIONS.

(1) Les 7.740.000 sont le produit de l'emprunt 10000 par le nombre de survivants à 25 ans.

(2) Les payements annuels sont les produits des survivants à chaque âge, à partir de 26 ans, par la prime 882 fr. 20997.

(3) La dernière ne nous donne qu'une différence de 0,04 c.

Nota. Toutes les fois qu'on fera un tableau arithmétique, il faudra employer les groupes de survivants et ne jamais agir sur un seul individu, car on aurait des calculs énormes avec les fractions.

PROBLÈME LXV.

123. Les personnes qui ne possèdent pas de biens fonds, mais seulement des rentes viagères ou un emploi, ont quelquefois besoin de contracter un emprunt, et il arrive que le prêteur, pour assurer son remboursement, exige que l'emprunteur se fasse assurer pour une somme égale à la somme empruntée. Cette combinaison donne lieu au problème suivant.

Connaissant *la somme empruntée* (M), *l'âge* (a) de la personne qui emprunte, *le temps* (n) pendant lequel elle fait l'emprunt, déterminer *la somme* (P) qu'elle doit payer à la compagnie,

$$P = \frac{\left(\frac{M\,(Sa - Sa + n}{b} - Sa + 1 + Sa + n + 1\right)}{Za}$$

Règle.

1° *Prenez* (col. S) *le nombre qui correspond à l'âge donné; retranchez-en celui qui correspond à cet âge, augmenté du nombre d'années que doit durer l'opération, et divisez la différence par l'unité augmentée de la* 100e *partie du taux ;*

2° *Prenez* (col. S) *le nombre qui correspond à l'âge augmenté d'une unité, retranchez celui qui correspond à l'âge augmenté d'une unité et du nombre d'années que dure l'opération;*

3° *Prenez la différence entre ces deux résultats et multipliez-la par la somme empruntée;*

4° *Divisez le produit trouvé* 3° *par le nombre* (col. Z) *qui correspond à l'âge donné.*

S'il ne s'agit que d'une année, la formule devient $\left(\frac{1}{b} - \frac{Za + 1}{Za}\right)$ M ; en sorte qu'il faut : 1° *diviser l'unité par l'unité augmentée de la* 100e *partie du taux;* 2° *diviser le nombre* (col. Z) *qui correspond à l'âge augmenté d'une unité par le nombre* (col. Z) *qui correspond à l'âge;* 3° *multiplier la différence entre ces deux résultats par la somme empruntée.*

EXEMPLE.

Une personne âgée de 42 ans emprunte 1000 fr. pour deux ans, le prêteur exige qu'elle se fasse assurer pour le temps que doit durer l'opération, combien lui en coûtera-t-il ? (Duvillard 4 %.)

1° Table XV, col. S, à 42 ans.	40999,6813		
à 44 ans.	35266,3470		
	$\frac{5733,3343}{1,04}$ =	5512,8214	
2° Col. S, à 43 ans.	38048,2772	5403,0570	
à 45 ans.	32645,2202		
Différence.		109,7644	
Multiplié par.		1,0000	
Produit.		109764,4000	= 37 fr. 19 c.
3° Divisant par col. Z, à 42 ans.		2951,4041	

124. NOTA. Il est possible que le prêteur exige une assurance pour la somme prêtée, et, de plus, pour les intérêts du prêt ; dans ce cas, au lieu de multiplier par 1000, on multiplierait par 1081 fr. 60 c., qui est la valeur de 1000 fr. empruntés à 4 % après 2 ans.

125. La multiplication par la somme prêtée sera, je pense, la méthode la plus en usage, par la raison que messieurs les prêteurs retiennent presque toujours les intérêts, qui ne leur sont véritablement dus qu'à l'expiration du temps.

Exemple.

Une personne âgée de 50 ans emprunte 500 fr. pour 6 mois; le prêteur exige qu'on se fasse assurer pour cette somme. Combien en coûtera-t-il pour l'assurance? (Déparcieux 2 ½ %.)

1° Table XI, col. S, à 50 ans. . . 125990,5522
à 50 ans ½. 120759,3663

$$\frac{5231,1859}{1,025} = 5103,5960$$

2° Col. S, à 50 ans ½. 120759,3663 }
à 51 ans. . . 115699,6911 } 5059,6752

Différence. 43,9208

Multiplié par 500

21960,4000

3° Divisant par col. Z, à 50 ans. . . . . 5231,1859 = 4 fr. 20 c.

Si on applique à cet exemple la règle que nous avons donnée dans la note ci-dessus (124), on a

$$\frac{1}{1,025} = \ldots\ldots\ldots\ldots \quad 0,9756$$

$$\text{Col. Z, à 50 ans ½. } \frac{5059,6752}{\text{à 50 ans.. } 5231,1859} = 0,9672$$

Différence. . . . . 0,0084 × 500 = 4 fr. 20 c.

126. L'assurance en cas de survie peut se faire au moyen d'une *prime unique* (P) ou d'une *prime annuelle* (p)

PROBLÈME LXVI.

Connaissant *l'âge* (a) lors de l'assurance, *l'âge* (x) lors du payement *de la somme assurée* (M) si la personne existe, déterminer *la prime unique* (P):

$$P = \frac{M Z_x}{Z_a}$$

Règle.

Multipliez la somme assurée par le nombre (col. Z) *qui correspond à l'âge fixé par l'assurance, et divisez le produit par le nombre* (col. Z) *qui correspond à l'âge de l'assuré.*

EXEMPLE.

Une personne de 48 ans veut s'assurer 3000 fr. si elle existe à 55 ans, quelle somme doit-elle verser? (Déparcieux 3 %.)

Table I, col. Z, à 55 ans. 1665,8562 × 3000 =	4997568,6000	2142 fr.
Col. Z, à 48 ans.	2333,1312	

PROBLÈME LXVII.

127. Connaisssant *la prime unique* (P), *l'âge* (a) lors de l'assurance, *l'âge* (x) lors du payement de *la somme assurée* (M), déterminer cette somme.

$$M = \frac{P Z_a}{Z_x}$$

Règle.

Multipliez la prime par le nombre (col. Z) *qui correspond à l'âge lors de l'assurance, et divisez le produit par le nombre* (col. Z) *qui correspond à l'âge lors du payement de la somme assurée.*

EXEMPLE.

Une personne âgée de 50 ans verse, dans une compagnie, une somme de 5000 fr., quelle somme recevra-t-elle, à 60 ans, si elle existe? (Moyenne 5 %.)

Table XXII, col. Z, à 50 ans. 3944,4184 × 5000 =	19722092,0000	= 10578 fr. 18 c.
Col. Z, à 60 ans.	1864,4132	

PROBLÈME LXVIII.

128. Connaissant *l'âge* (a) lors de l'assurance, *l'âge* (x) lors du payement de *la somme assurée* (M), si on existe, déterminer *la prime annuelle* (p).

$$p = \frac{M Z_x}{Z_a - Z_x}$$

Règle.

1° *Multipliez le nombre* (col. Z) *qui correspond à l'âge du payement de la somme assurée par cette même somme;*

2° *Prenez la différence des nombres* (col. S) *qui correspondent aux âges;*

3° *Divisez le premier résultat par le second.*

EXEMPLE.

Une personne de 55 ans veut s'assurer une somme de 10,000 fr. à 66 ans, quelle somme devra-t-elle placer chaque année? (Duvillard 5 %.)

1° Table XVII, col, Z, à 66 ans. 678,5450 × 10000 = 6785450

2° Col. S, à 55 ans. 18964,9388
à 66 ans. 4953,8598

Différence...... 14011,0790

3° $\frac{6785450,0000}{14011,0790}$ = 484 fr. 29 c. pour la prime cherchée.

PROBLÈME LXIX.

129. Connaissant *la prime annuelle* (p) et *les âges* (a, x) du premier versement et du payement de *la somme assurée* (M), déterminer cette dernière somme.

$$M = \frac{p\,(S_a - S_x)}{Z_x}$$

Règle.

1° *Multipliez la prime par la différence des nombres* (col. S) *qui correspond aux âges donnés;*

2° *Divisez le produit par le nombre* (col. Z) *qui correspond à l'âge lors du payement de la somme assurée.*

EXEMPLE.

Quelle somme recevra-t-on à 70 ans en plaçant tous les ans 300 fr. à partir de 58 ans? (Moyenne 5 %.)

1° Table XXII, col. S, à 58 ans. 22148,7016
à 70 ans. 4969,7232

Différence.... 17178,9784 × 300 = 5153693,52

2° Divisant par col. Z, à 70 ans.... 724,68

$\frac{5153693,52}{724,68}$ = 7111 fr. 70 c.

130. Comme je l'ai dit au n° 122, les compagnies doivent avoir leurs bénéfices. Or, tous les calculs établis dans cet ouvrage ne leur accordent aucun avantage, puisqu'ils sont établis rigoureusement comme les tables l'exigent.

$$(\text{T le chiffre du tarif.}) \quad P - \frac{T\,S_{a+1}}{S_a}$$

Règle.

Déterminer le bénéfice que fait une compagnie.

1° *Multipliez le taux pour cent donné par la compagnie par le nombre* (col. S) *qui correspond à l'âge augmenté d'un an ;*

2° *Divisez le produit par le nombre* (col. Z) *qui correspond à l'âge;*

3° *Ce quotient retranché de 100 donnera le bénéfice pour cent de la compagnie.*

EXEMPLE.

Supposons qu'à 55 ans une compagnie donne 8 fr. 80 c. de rente pour 100 fr. qu'on lui verse, quel est l'avantage de la compagnie en se servant de la loi de mortalité de Déparcieux ?

5 %. Table V, col. S, à 56 ans.	36122,3032
Multiplié par.	8,80
Produit.. . .	317876,2682
Col. Z, à 55 ans.	3526,6991

$$\frac{317876{,}2682}{3526{,}6991} = 90 \text{ fr. } 13422$$

3° 90 fr. 13422 retranchés de 100 fr. donnent 9 fr. 86578 pour le bénéfice de la compagnie sur 100 fr.

Pour le prouver, cherchons d'après le problème II (25), quelle somme il faudrait verser à 55 ans pour avoir 0 fr. 96322 de rente (le nombre 0,96322 est la différence entre le nombre rigoureux (table VI, 5 %) à 55 ans 9,76322 et le chiffre de la compagnie 8 fr. 80 c.).

$$\frac{0{,}96322 \times 100}{9{,}76322} = 9 \text{ fr. } 87 \text{ c. comme ci-dessus.}$$

131. A 4 ½ %. Table IV, col. S, à 56 ans. 31298,7930

Multiplié par.	8,80
Produit. . . .	275429,3784
Col. Z, à 55 ans.	2927,6629

$$\frac{275429{,}3784}{2927{,}6629} = 94 \text{ fr. } 07828$$

3° Retranchant 94 fr. 07828 de 100 fr., on a 5 fr. 92172 pour le bénéfice de la compagnie sur 100 fr.

Pour preuve : la table VI indique à 4 $^1/_2$, à 55 ans, 9 fr. 35392 ; la compagnie donne 8 fr. 80 c. — Différence : 0,55392.

$$\frac{0{,}55392 \times 100}{9{,}35392} = 5 \text{ fr. } 92 \text{ comme ci-dessus.}$$

132. A 4 %. Table III, col. S, à 56 ans. 27129,5204

Multiplié par. 8,80

Produit. . . . 238739,7795

Col. Z, à 55 ans. 2428,2085

$$\frac{238739{,}7795}{2428{,}2085} = 98 \text{ fr. } 31931$$

Retranchant 98 fr. 32 c. de 100 fr., on a 1 fr. 68 c. % de bénéfice pour la compagnie sur 100 fr.

133. Comme il est facile de s'en convaincre, plus le taux accordé par la compagnie sera au-dessous des nombres de la table VI, plus les bénéfices de la compagnie seront grands. On voit aussi qu'au taux 3 $^1/_2$ % de la table la compagnie aurait de la perte, puisqu'elle donnerait 8 fr. 80 c. au lieu de 8 fr. 55 c. qui est le taux rigoureux.

134. Les compagnies d'assurances font aussi des associations en mutualité pour un temps limité, c'est-à-dire qu'un certain nombre de personnes se réunissent, font un fonds que la compagnie fait valoir en rentes sur l'Etat, et, à l'expiration du délai fixé, le produit du fonds social avec ses intérêts est partagé entre les survivants.

Ce genre d'opération fournit beaucoup de combinaisons. Nous allons nous occuper de quelques-unes, qui sont plus employées que les autres.

135. Lorsque tous les sociétaires ont le même âge, voici la règle que l'on suivra en se servant de mes tables.

$$M = \frac{P\,Za}{Zx}$$

Règle.

Multipliez une mise par le nombre (col. Z) *qui correspond à l'âge lors de l'association,* et *divisez le produit par le nombre* (col. Z) *qui correspond à l'âge lorsque la liquidation sera faite.* Le quotient exprimera ce qui revient à chaque sociétaire lors de la liquidation.

EXEMPLE.

Dix personnes versent chacune 1000 fr.; elles sont toutes âgées de 48 ans; elles déposent leurs mises dans une compagnie qui les emploie en achat de rente qui rapporte 3 %. Le produit de ces sommes et des intérêts devra être partagé dans 8 ans. Combien chaque sociétaire recevra-t-il ? (Déparcieux 3 %.)

Table I, col. Z, à 48 ans. $2333,1312 \times 1000 = 2333,131,2000$
à 56 ans. . . . . $1580,4387$ } $= 1476$ fr. 26 c.

En effet, d'après Déparcieux, le groupe de survivants à 48 ans est de 599. Ils verseront donc 599,000. Cette somme, placée à 3 % pendant 8 ans, vaudra 758795 fr. 28 c.; à 56 ans, il y a 514 survivants. Divisant 758795 fr. 28 c. par 514, on obtient le même résultat.

136. Si on voulait obtenir une somme déterminée, il faudrait calculer la somme qu'il faut placer.

$$P = \frac{MZa}{Za}$$

Règle.

Multipliez la somme fixée par le nombre (col. Z) *qui correspond à l'âge lors de la liquidation, et divisez le produit par le nombre* (col. Z) *qui correspond à l'âge lors de l'association.*

Six personnes du même âge (39 ans) s'associent pour 10 ans, et désirent recevoir 4000 fr. à l'expiration de ce délai. Quelle somme chacune d'elles devra-t-elle verser? (Duvillard 4 %.)

Table XV, col. Z, à 49 ans. $1926,9338 \times 4000 = 7707735,2000$
à 39 ans. . . . . $3516,3183$ } $= 2191$ fr. 99 c.

137. Dans le cas où les personnes n'ont pas le même âge, il est évident qu'elles ne doivent pas verser la même somme, car la longévité varie suivant l'âge. On devra donc calculer la somme que chaque associé doit verser d'après la méthode (138); toutes les compagnies ont un tarif pour cela. Mais, en général, les compagnies groupent leurs déposants par classe de personnes ayant le même âge.

138. Au surplus, les compagnies ne peuvent pas établir d'avance le dividende qu'elles donneront. En effet : elles achètent des rentes avec les capitaux versés ; or, la quantité de rentes qu'elles acquièrent dépend du cours plus ou moins élevé; en outre, elles font leurs répartitions en rentes, et l'associé qui les vend, pour former un capital, est aussi soumis à l'influence du cours de la rente.

139. Nous avons traité une très-grande quantité de problèmes, et pourtant il y en a beaucoup d'autres ; car chaque compagnie a le droit de faire varier ses opérations comme elle l'entend. Le déposant a aussi la faculté d'exiger tel ou tel placement. Il résulte de là une foule de combinaisons qu'on ne peut pas prévoir. Mais je pense qu'à l'aide de la méthode que je vais indiquer, toutes les questions sur les rentes viagères, sur les assurances, etc., pourront être résolues.

140. Je ne propose pas cette méthode comme très-scientifique; mais les personnes versées dans les sciences n'ont pas besoin qu'on leur établisse des formules ; elles les combinent elles-mêmes. Ce que je vais indiquer n'est donc que pour les personnes, et c'est le plus grand nombre, qui ne connaissent que les éléments de l'algèbre.

141. Nous avons donné (9 à 17) l'explication des termes qu'on emploie : *Prime unique*, *Rente immédiate*, *Rente différée*, *Indemnité*, *Prime annuelle*. Ces quantités se combinant entre elles, nous allons les déterminer et les faire concourir à la détermination des problèmes que nous avons traités.

Pour rendre l'opération plus simple, nous supposerons toujours le commencement de l'opération à 88 ans (a), le payement de la rente différée à 91 ans (x), et nous obtiendrons des résultats qui nous serviront à établir les formules de chaque problème. Nous prendrons la table de mortalité de Déparcieux, qui fixe la limite de la vie à 94 ans.

Prime unique. — Rente immédiate.

142. Comme je l'ai déjà dit plusieurs fois, dans les opérations sur la vie, il faut agir sur les groupes et jamais sur les individus pris isolément.

Formons d'abord le tableau suivant dans lequel nous supposons un placement P pour avoir une rente immédiate R.

PN_{88}						
	$b - RN_{89}$					
	b^2	$b - RN_{90}$				
	b^3	b^2	$b - RN_{91}$			
	b^4	b^3	b^2	$b - RN_{92}$		
	b^5	b^4	b^3	b^2	$b - RN_{93}$	
PN_{88}	$b^6 - RN_{89}$	$b^5 - RN_{90}$	$b^4 - RN_{91}$	$b^3 - RN_{92}$	$b^2 - RN_{93}$	$b - RN_{94}$

Puisque chaque personne de 88 ans verse une prime P, le groupe versera PN_{88} Le mettant à intérêt (2), on a $PN_{88}\,b$; mais on paye la rente R aux personnes âgées de 89 ans, ou RN_{89}, que je retranche. Je mets le reste à intérêt et j'ai $PN_{88}\,b^2 - RN_{89}\,b$. Sur ce reste, on paye la rente R au groupe de 90 ans ou RN_{90}, ce qui donne la troisième ligne. En continuant jusqu'au payement des rentiers de 94 ans, on a la dernière ligne et il ne reste rien ; on aura donc

$$PN_{88}\,b^6 - R\,(N_{89}\,b^5 + N_{90}\,b^4 + N_{90}\,b^3 + N_{92}\,b^2 + N_{93}\,b + N_{94}) = 0$$

en se conformant à ce qui a été dit n°s 5 et 6

Prime unique. — Rente différée.

143. $PZ_{88} - RS_{89} = 0$ ou généralement $PZ_a - RS_a + 1 = 0$

PN_{88}				
	b			
	b^2			
PN_{88}	$b^3 - RN_{91}$			
	b^4	$b - RN_{92}$		
	b^5	b^2	$b - RN_{93}$	
PN_{88}	$b^6 - RN_{91}$	$b^3 - RN_{92}$	$b^2 - RN_{93}$	$b - RN_{94}$

Puisqu'on ne doit payer la rente qu'à 91 ans, on payera RN_{91} et il restera (4e ligne) $PN_{88}\,b^3 - RN_{91}$. Mettant ce reste à intérêt, on a $PN_{88}\,b^4 - RN_{91}\,b$, sur lequel on payera RN_{92}, et ainsi de suite jusqu'au payement RN_{94}, après lequel il ne reste rien. On a donc :

$PN_{88}\,b^6 - R\,(N_{91}\,b^3 + N_{92}\,b^2 + N_{93}\,b + N_{94} = 0$, ou $PZ_{88} - RS_{91} = 0$; et en généralisant

$$PZ_a - RS_x = 0.$$

Prime annuelle.
—
Rente différée.

144.

pN_{88}						
	$b + pN_{89}$					
	b^2	$b + pN_{90}$				
	b^3	b^2	$b - RN_{91}$			
	b^4	b^3	b^2	$b - RN_{92}$		
	b^5	b^4	b^3	b^2	$b - RN_{93}$	
pN_{88}	$b^6 + pN_{89}$	$b^5 + pN_{90}$	$b^4 - RN_{91}$	$b^3 - RN_{92}$	$b^2 - RN_{93}$	$b - RN_{94}$

Puisqu'on place p à 88 ans, le groupe versera pN_{88} ; mettant à intérêt et ajoutant le versement du groupe de 89 ans, on a $pN_{88}b + pN_{89}$. Mettant cette somme à intérêt, et ajoutant le versement du groupe de 90 ans, on aura $pN_{88}b^2 + pN_{89}b + pN_{90}$; on mettra de nouveau à intérêt, et comme on doit payer la rente au groupe de 91 ans, on aura $pN_{88}b^3 + pN_{90}b - RN_{91}$. En continuant on arrivera à

$$p(N_{88}b^6 + N_{89}b^5 + N_{90}b^4) - R(N_{91}b^3 + N_{92}b^2 + N_{93}b + N_{94}),\ \text{ou}\ p(S_{88} - S_{91}) - RS_{91} = 0$$

et en général

$$p(Sa - Sx) - R\,Sx = 0.$$

Indemnité pendant toute l'opération.

145.

PN_{88}							
	$b - KD_{88}$						
	b_2	$b - KD_{89}$					
	b^3	b^2	$b - RN_{91} - KD_{90}$				
	b^4	b^3	b^2	$b - RN_{92} - KD_{91}$			
	b^5	b^4	b^3	b^2	$b - RN_{93} - KD_{92}$		
	b^6	b^5	b^4	b^3	b^2	$b - RN_{94} - KD_{93}$	
PN_{88}	$b^7 - KD_{88}$	$b^6 - KD_{89}$	$b^5 - RN_{91} - KD_{90}$	$b^4 - RN_{92} - KD_{91}$	$b^3 - RN_{93} - KD_{92}$	$b_2 - RN_{94} - KD_{93}$	$b - KD_{94}$

La quantité affectée de P est

$$PN_{88}b^7 = P\,b\,N_{88}b^6 = P\,bZ_{88}$$

Les quantités affectées de R sont

$$R(N_{91}b^4 + N_{92}b^3 + N_{93}b^2 + N_{94}b) = Rb(N_{91}b^3 + N_{92}b^2 + N_{93}b + N_{94}) = R\,bS_{91}$$

Occupons-nous des quantités affectées de K. J'ai représenté les décès par D, en sorte qu'à la fin de la première, de la seconde, etc., etc., année, on a payé KD_{88}, KD_{89}, etc., etc.; mais les décès de 88 à 89 ou D_{88} égalent les survivants de 88 moins les survivants de 89 ans, et ainsi de suite ; de sorte que l'on a $D_{88} = N_{88} - N_{89}$, $D_{89} = N_{89} - N_{90}$..... $D_{94} = N_{94} - 0$. On aura donc

$$-(N_{88}-N_{89})b^6 - K(N_{89}-N_{90})b^5 - K(N_{90}-N_{91})b^4 - K(N_{91}-N_{92})b^3 - K(N_{92}-N_{93})b^2 - K(N_{93}-N_{94})b - KN_{94}$$

ou

$$\begin{aligned} &-K(N_{88}b^6 + N_{89}b^5 + N_{90}b^4 + N_{91}b^3 + N_{92}b^2 + N_{93}b + N_{94}) = -KS_{88} \\ &+K(N_{89}b^6 + N_{90}b^5 + N_{91}b^4 + N_{92}b^3 + N_{93}b^2 + N_{94}b\qquad) = +KbS_{89} \end{aligned}$$

Réunissant, on a

$$PbZ_{88} - RbS_{91} - KS_{88} + KbS_{89} = 0 \quad \text{ou} \quad PZ_{88} - RS_{91} - \frac{KS_{88}}{b} + KS_{89} = 0$$

et en général

$$PZ_a - RS_x - \frac{KS_a}{b} + KS_{a+1} = 0$$

146. Si on compare les nos 143 et 144, on voit que Z_a se change en $S_a - S_x$; on a donc pour la prime annuelle

$$p\,(S_a - S_x) - RS_x - \frac{KS_a}{b} + KS_{a+1} = 0$$

…nnité jusqu'au …ier payement.

147. Dans cette hypothèse, on ne prendra dans le tableau précédent que D_{88}, D_{89} et D_{90} ou

$$- K\,(N_{88}\,b^6 + N_{89}\,b^5 + N_{90}\,b^4) = - K\,(S_{88} - S_{91})$$
$$+ K\,(N_{89}\,b^6 + N_{90}\,b^5 + N_{91}\,b^4) = + Kb\,(S_{89} - S_{92})$$

La formule reviendra donc

$$PbZ_{88} - RbS_{91} - K\,(S_{88} - S_{91}) + Kb\,(S_{89} - S_{92}) = 0, \text{ ou divisant par } b \text{ et généralisant}$$

$$PZ_a - RS_x - K\frac{(S_a - S_x)}{b} + K\,(S_{a+1} - S_{x+1}) = 0$$

148. Pour la prime annuelle (146), on a

$$p\,(S_a - S_x) - RS_x - K\frac{(S_a - S_x)}{b} + K\,(S_{a+1} - S_{x+1}) = 0$$

…nité à partir …premier paye-…nt.

149. Dans ce cas-ci, on ne prendra dans le tableau ci-dessus que D_{90}, D_{91}, D_{92}, D_{93} et D_{94}, ce qui donnera

$$- K\,(N_{90}\,b^4 + N_{91}\,b^3 + N_{92}\,b^2 + N_{93}\,b + N_{94}) = - KS_{90}$$
$$+ K\,(N_{91}\,b^4 + N_{92}\,b^3 + N_{93}\,b^2 + N_{94}\,b) = + KbS_{91}$$

La formule deviendra donc

$$PbZ_{88} - RbS_{91} - KS_{90} + KbS_{91} = 0\,; \text{ ou divisant par } b \text{ et généralisant}$$

$$PZ_a - RS_x - \frac{KS_{x-1}}{b} + KS_x = 0$$

150. Pour la prime annuelle

$$P\,(S_a - S_x) - RS_x - K\frac{S_{x-1}}{b} + KS_x = 0$$

151. Il nous reste à parler de la remise des primes versées aux héritiers par les titulaires décédés. C'est la méthode suivie par la caisse de la vieillesse. On formera le tableau suivant.

$$\begin{array}{l|l|l|l|l|l|l|l}
pN_{88} & & & & & & & \\
 & b+pN_{89}-pD_{88} & & & & & & \\
 & b^2 & b+pN_{90}-2pD_{89} & & & & & \\
 & b^3 & b^2 & b-RN_{91}-3pD_{90} & & & & \\
\hline
 & b^4 & b^3 & b^2 & b-RN_{92}-3pD_{91} & & & \\
 & b^5 & b^4 & b^3 & b^2 & b-RN_{93}-3pD_{92} & & \\
 & b^6 & b^5 & b^4 & b^3 & b^2 & b-RN_{94}-3pD_{93} & \\
 & b^7 & b^6 & b^5 & b^4 & b^3 & b^2 & b-3pD_{94}
\end{array}$$

La première année, on ne rembourse qu'une prime, parce qu'il n'y en a qu'une de versée. La seconde année, on en rembourse deux, parce qu'il y en a deux de versées, et ainsi de suite.

$$p\,(N_{88}\,b^7+N_{89}\,b^6+N_{90}\,b^5)=pb\,(S_{88}-S_{91})$$
$$-R\,(N_{91}\,b^4+N_{92}\,b^3+N_{93}\,b^2+N_{94}\,b=-Rb\,S_{91}.$$

On rembourse $p\,D_{88}$ la première année, $2pD_{89}$, la seconde, $3\,p\,D_{89}$ la troisième, et ainsi de suite jusqu'à la fin. On peut mettre ces quantités sous cette forme :

$$-p\,(N_{88}\,b^6+N_{89}\,b^5+N_{90}\,b^4+N_{91}\,b^3+N_{92}\,b^2+N_{93}\,b+N_{94})=-p\,S_{88}$$
$$+p\,(N_{89}\,b^6+N_{90}\,b^5+N_{91}\,b^4+N_{92}\,b^3+N_{93}\,b^2+N_{94}\,b\qquad)=+p\,bS_{89}$$
$$-p\,(N_{89}\,b^5+N_{90}\,b^4+N_{91}\,b^3+N_{92}\,b^2+N_{93}\,b+N_{94})=-p\,S_{89}$$
$$+p\,(N_{90}\,b^5+N_{91}\,b^4+N_{92}\,b^3+N_{93}\,b^2+N_{94}\,b\qquad)=+p\,bS_{90}$$
$$-p\,(N_{90}\,b^4+N_{91}\,b^3+N_{92}\,b^2+N_{93}\,b+N_{94})=-p\,S_{90}$$
$$+p\,(N_{91}\,b^4+N_{92}\,b^3+N_{93}\,b^2+N_{94}\,b\qquad)=+p\,bS_{91}$$

Groupant les quantités effectuées du — et celle affectées du signe +

$$-p\,(S_{88}+S_{89}+S_{90})+p\,b\,(S_{89}+S_{90}+S_{91})\qquad\text{ou (7)}$$
$$-p\,(\Sigma_{88}-\Sigma_{91})+p\,b\,(\Sigma_{89}-\Sigma_{92})$$

on aura donc en réunissant

$$pb\,(S_{88}-S_{91})-Rb\,S_{91}-p\,(\Sigma_{88}-\Sigma_{91})+pb\,(\Sigma_{89}-\Sigma_{92})=0$$

Divisant par b et généralisant

$$p\,(S_a-S_x)-RS_x-p\,\frac{(\Sigma_a-\Sigma_x)}{b}+p\,(\Sigma_{a+1}-\Sigma_{x+1})=0$$

152. Soient $p'\,p'\,p''$ les primes variables (*Capital aliéné*) ; on a

$$\begin{array}{l|l|l|l}
p\,N_{88} & & & \\
 & b+p'\,N_{89} & & \\
 & b^2 & b+p''\,N_{90} & \\
 & b^3 & b^2 & b-RN_{91}\ \text{etc., etc.}
\end{array}$$

On aura $\frac{p}{b^3}Z_{88}+\frac{p'}{b^3}Z_{89}+\frac{p''}{b^3}Z_{90}-\frac{R}{b^3}S_{91}$, ou $p\,(S_{88}-S_{89})+p'\,(S_{89}-S_{90})+p''\,(S_{90}-S_{91})-R\,S_{91}=0$

Probl. Nos

I. **20.** De la formule (142) $PZ_a - RS_{a+1} = 0$, on tire $R = \frac{PZ_a}{S_{a+1}}$

II. **25.** et $P = \frac{RS_{a+1}}{Z_a}$

III. **28.** De la formule (145) $PZ_a - RS_x - K\left(\frac{S_a}{b} - S_{a+1}\right) = 0$, on tire

$$R = \frac{PZ_a - K\left(\frac{S_a}{b} - S_{a+1}\right)}{S_x}$$

IV. **29.** Dans la même formule, la rente étant immédiate, x devient égale à $a + 1$ et on a

$$PZ_a - RS_{a+1} - K\left(\frac{S_a}{h} - S_{a+1}\right) = 0$$

Faisant $K = \frac{R}{2}$

$$R = \frac{2PZ_a}{\frac{S_a}{b} + S_{a+1/2}}$$

V. **30.** De la formule ci-dessus $PZ_a - RS_{a+1} - K\left(\frac{S_a}{b} - S_{a+1}\right) = 0$, on tire

$$P = \frac{(R - K)\,S_{a+1} + K\frac{S_a}{b}}{Z_a}$$

VI. **31.** De la formule (IV probl.) $R = \frac{2DZ_a}{\frac{S_a}{b} + S_{a+1/2}}$, on tire

$$P = \frac{\frac{R}{2}\left(\frac{S_a}{b} + S_{a+1/2}\right)}{Z_a}$$

VII. **32.** De la formule (143) $PZ_a - RS_x = 0$, on tire $P = \frac{RS_x}{Z_a}$

VIII. **33.** et $R = \frac{PZ_a}{S_x}$

IX. **34.** Soit un déposant de 88 ans qui doit avoir plus tard une rente viagère, à 91 ans il demande sa liquidation. La quantité P devra être mise à intérêt pendant

Probl. Nos

trois ans ; c'est donc $PN_{88}\,b^3$ ou $\frac{P}{b^3}Z_{88}$, mais $b^3 = \frac{Z_{91}}{N^{91}}$; on a donc pour le groupe $\frac{PZ_{88}\times N_{91}}{Z_{91}}$ et pour un seul $\frac{PZ_{88}}{Z_{91}}$; représentant 91 par y, la formule devient $\frac{PZa}{Zy}$ en capital, et $\frac{PZa}{Sy+1}$ en rentes.

X. **35.** La formule n° 145 $PZ_a - RS_x - K\left(\frac{S_a}{b} - S_{a+1}\right) = 0$, donne

$$P = \frac{RS_x + K\left(\frac{S_a}{b} - S_{a+1}\right)}{Z_a}$$

XI. **36.** et

$$R = \frac{PZ_a - K\left(\frac{S_a}{b} - S_{a+1}\right)}{S_x}$$

XII. **37.** Faisant $K = P$, et se rappelant que $1 + r = b$ (2); d'où $r = b - 1$, et que $Z_a + S_{a+1} = S_a$, on a

$$R = \frac{Pr\,S_a}{b\,S_x}$$

XIII. **38.** De la formule n° 149 $PZ_a - RS_x - K\left(\frac{S_{x-1}}{b} - S_x\right) = 0$, on tire

$$P = \frac{RS_x + K\left(\frac{S_{x-1}}{b} - S_x\right)}{Z_a}$$

XIV. **39.** Si dans la même formule on fait $K = \frac{R}{2}$, on a

$$P = \frac{\frac{R}{2}\left(S_x + \frac{S_{x-1}}{b}\right)}{Z_a}$$

XV. **40.** Maintenant si on fait $K = P$, on a

$$P = \frac{RS_x}{Z_a - \left(\frac{S_{x-1}}{b} - S_x\right)}$$

Probl. N^os

XVI. **41.** De la formule probl. XIII, on tire

$$R = \frac{PZ_a - K\left(\frac{S_{x+1}}{b} - S_x\right)}{S_x}$$

XVII. **42.** Si K devient $\frac{R}{2}$

$$R = \frac{2\,PZ_a}{\frac{S_{x-1/2}}{b} + S_x}$$

XVIII. **43.** Si dans la même formule, on fait $K = P$, on a

$$R = \frac{P\left(Z_a - \frac{S_{x-1}}{b}\right)}{S_x} + P$$

XIX. **44.** Les formules sont les mêmes qu'au probl. IX.

46. Se reportant au tableau du nº 145, on a $PN_{88}\,b^5 - K\,(D_{88}\,b^2 + D_{89}\,b + D_{90})$ que l'on mettra sous la forme de $\frac{P}{b^3}Z_{88} - \frac{K}{b^4}(S_{88} - S_{91}) + \frac{K}{b^3}(S_{89} - S_{92})$; mais $b^3 = \frac{Z_{91}}{N_{91}}$ et $b^4 = \frac{Z_{90}}{N_{90}}$; on aura ainsi $\frac{PZ_{88}\,N_{91}}{Z_{91}} - \frac{K(S_{88} - S_{91}) \times N_{90}}{Z_{90}} + \frac{K(S_{89} - S_{92}) \times N_{91}}{Z_{91}}$.

Remplaçant 88 par a et 91 par y, et divisant par N_{91}, on aura

$$\frac{PZ_a + K\,(S_{a+1} - S_{y+1})}{Z_y} - \frac{(K\,N_{y-1})\;(S_a - S_y)}{N_y\;Z_{y-1}}$$

47. Si dans cette dernière formule on change K en P, elle deviendra

$$\frac{PZ_a + PS_{a+1} - P_{y+1}}{z_y} - \frac{P\,(N_{y-1})\,(S_a - S_y)}{N_y\;z_{y-1}}$$

mais $Z_a + S_{a+1} = S_a$, donc

$$\frac{P\,(S_a - S_{y-1})}{Z_y} - \frac{P\,(N_{y-1}(S_y)}{N_y\,Z_{y-1}}$$

XX. **49.** De la formule 147, on tire

$$\frac{RS_x + K\left(\frac{S_a - S_x}{b}\right) - K\,(S_{a+1} - S_{x+1})}{Z_a}$$

Probl. Nos.

XXI. **50.** et $$R = \frac{PZ_a - K\left(\frac{S_a - S_x}{b}\right) + K\left(S_{a+1} - S_{x+1}\right)}{S_x}$$

XXII. **51.** Si on fait $K = \frac{R}{2}$, la formule du probl. XX devient

$$P = \frac{R\left[2S_x + \left(\frac{S_a - S_x}{b}\right) - (S_{a+1} - S_{x+1})\right]}{2\,Z_a}$$

XXIII. **52.** et $$R = \frac{2\,PZ_a}{2S_x + \frac{S_a - S_x}{b} - (S_{a+1} - S_{x+1})}$$

XXIV. **53.** Si dans la formule du probl. XX on fait $K = P$

$$P = \frac{RS_x}{\frac{S_a r + S_x}{b} - S_{a+1}}$$

XXV. **54.** et $$R = \frac{P\left(\frac{S_a r + S_x}{b} - S_{x+1}\right)}{S_x}$$

XXVI. **55.** Se reportant au tableau du n° **145**, changeant K en P, on aura $PN_{88}\,b^3 - PD_{88}\,b^2 - PD_{89}\,b - PD_{90}$, quantité que l'on mettra sous la forme de $\frac{P}{b^3}\left(Z_{88} - \frac{S_{88} - S_{91}}{b} + S_{89} - S_{92}\right)$; mais $Z_{88} + S_{89} = S_{88}$, donc $\frac{P}{b^3}\left(S_{88} - \frac{S_{88}}{b} + \frac{S_{91}}{b} - S_{92}\right)$ ou $\frac{P}{b^3}\left(\frac{S_{88}(b-1) + S_{91}}{b} - S_{92}\right)$ or $b - 1 = r$, $b^3 = \frac{Z_{91}}{N_{91}}$; donc

$$\frac{P}{Z_{91}}\left(\frac{S_{88}r + S_{91}}{b} - S_{92}\right) \text{ ou } \frac{P}{Z_y}\left(\frac{S_a r + S_y}{b} - S_{y+1}\right)$$

XXVII. **56.** De la formule n° **144**, $p(S_a - S_x) - R\,S_x = 0$, on tire

$$R = \frac{p(S_a - S_x)}{S_x}$$

XXVIII. **57.** et

$$p = \frac{RS_x}{S_a - S_x}$$

Probl. Nos.

XXIX. **58.** Les formules s'obtiennent en changeant Z_a, du probl. IX, en $S_a - S_x$.

XXX. **59.** La rente étant fixée à l'âge x, on a (probl. XXVII) $R = \frac{p\,(S_a - S_x)}{S_a}$ si on la fixe à l'âge t, on aura $R' = \frac{p\,(S_a - S_t)}{S_t}$; la différence de ces valeurs donne $R' - R = \left(\frac{S_a}{S_t} - \frac{S_a}{S_x}\right)p$.

XXXI. **60.** Soient trois primes à partir de 88 ans. Nous aurons $p\,(N_{88}\,b^3 + N_{89}\,b^2 + N_{90}\,b + N_{91}) = \frac{p}{b^3}\,(S_{88} - S_{92})$; ramenant à la valeur actuelle, laquelle appartiendra à tout le groupe de 88 ans, on a $\frac{\frac{p}{b^3}(S_{88} - S_{92})}{b^3\,N_{88}} = \frac{p\,(S_{88} - S_{92})}{Z_{88}}$, ou $\frac{p\,(S_a - S_{a+n+1})}{Z_a}$.

XXXII. **61.** De la formule (146) $p\,(S_a - S_x) - RS_n - K\left(\frac{S_a}{b} - S_{a+1}\right)$ on tire

$$R = \frac{p\,(S_a - S_x) - K\left(\frac{S_a}{b} - S_{a+1}\right)}{S_x}$$

XXXIII. **62.** et

$$p = \frac{R\,S_x + K\left(\frac{S_a}{b} - S_{a+1}\right)}{S_a - S_x}$$

XXXIV. **63.** On aura $p\,N_{88}\,b^3 + p\,N_{89}\,b^2 - KD_{88}\,b^2 + p\,N_{90}\,b - KD_{89}\,b - KN_{90}$, ou $\frac{p}{b^3}$ $(S_{88} - S_{91}) - KD_{88}\,b^2 - KD_{89}\,b - KD_{90} = \frac{p}{b^3}\,(S_{88} - S_{91}) - \frac{K}{b^4}\,(S_{88} - S_{91}$ $+ \frac{K}{b^3}\,(S_{89} - S_{92}) = \frac{1}{b}\left[\left(p - \frac{K}{b^3}\,(S_{88} - S_{91}) + K\,(S_{89} - S_{92})\right]\right.$; se rappe-pelant que $b^3 = \frac{Z_{91}}{N_{91}}$; généralisant et supprimant N_{91}

$$\frac{1}{S_y}\left[\left(p - \frac{K}{b}\,(S_a - S_x) + K\,(S_{a+1} - S_{x+1})\right]\right.$$

XXXVI. **65.** Cette formule est la même qu'au probl. XXXI.

Probl. Nos.

XXXVII. **66.** De la formule (148) $p\,(S_a - S_x) - RS_x - \frac{K}{b}(S_a - S_x) + K(S_{a+1} - S_{x+1})$, on tire

$$R = \frac{\left(p - \frac{K}{b}\right)(S_a - S_x) + K(S_{a+1} - S_{x+1})}{S_x}$$

XXXVIII. **68.** et

$$p = \frac{RS_x - K(S_{a+1} - S_{x+1})}{S_a - S_x} + \frac{K}{b}$$

XXXIX. **70.** De la formule (150) $p\,(S_a - S_x) - R\,S_x - K\frac{S_{x+1}}{b} + KS_x = 0$, on tire

$$R = \frac{p\,(S_a - S_x) - \frac{KS_{x-1}}{b}}{S_x} + K$$

XL. **71.** Si l'on fait $K = \frac{R}{2}$, on a

$$R = \frac{2\,p\,(S_a - S_x)}{S_x + \frac{S_{x-1}}{b}}$$

XLI. **72.** De la formule (150) $p\,(S_a - S_x) - RS_x - K\,\frac{S_{x-1}}{b} + KS_x = 0$, on tire

$$p = \frac{RS_x + K\left(\frac{S_{x-1}}{b} - S_x\right)}{S_a - S_x}$$

XLII. **75.** De la formule (probl. XL) $R = \frac{p\,(S_a - S_x)}{S_x + \frac{S_{x-1}}{b}}$, on tire

$$p = \frac{R\left(S_x + \frac{S_{x-1}}{b}\right)}{2\,(S_a - S_x}$$

XLIII. **76.** Comme au probl. XL.

XLIV. **77.** Dans la formule du n° 150, remplaçant K par le nombre de primes versées, qui est égal à $x - a$, on a

$$R = \frac{p\,(S_a - S_x) - (x - a)\,p\left(\frac{S_{x-1}}{b} - S_x\right)}{S_x}$$

Probl. N°s.

XLV. **78.** d'où

$$p = \frac{RS_x}{(S_a - S_x) - (x - a)\left(\frac{S_{x-1}}{b} - S_x\right)}$$

XLVI. **82.** Dans le tableau du n° 151, en s'arrêtant à l'année où commence le payement de la rente, on a

$$pN_{88}b^7 + pN_{89}b^6 - pD_{88}b^6 + pN_{90}b^5 - 2pD_{89}b^5 + 3pD_{90}b^4 - RN_{91}b^4 - RN_{92}b^3, \text{ etc.}$$

qu'on mettra sous la forme

$$R = \frac{p\,[\Sigma_a - \Sigma_x - (x - a)\,S_{x+1}] - \frac{p}{b}\,(\Sigma_a - \Sigma_x - (x - a)S_x]}{S_x}$$

XLVII. **83.** $$p = \frac{RS_x}{(\Sigma_a - \Sigma_x - (x - a)\,S_{x+1}) - \frac{1}{b}\left(\Sigma_x - \Sigma_x - (x - a)\,S_x\right)}$$

XLVIII. **84.** Pour avoir la liquidation on aura facilement

$$\frac{p}{Z_y}\left[Z_a - Z_y - (y - a)\,S_{y+1} - \left(\frac{\Sigma_a - \Sigma_y\;(y - a)\,S_x}{b}\right]\right.$$

XLV. **87.** La formule du n° 151 $p\,(S_a - S_x) - RS_x - p\left(\frac{\Sigma_a - \Sigma_x}{b}\right) + p\,(\Sigma_{a+1} - \Sigma_{x+1}) = 0$ chassant le dénominateur $p\,[\,b\,S_a - b\,S_x - R\,b\,S_x - \Sigma_a + \Sigma_x + b\,\Sigma_{a+1} - b\,\Sigma_{x+1}\,] = 0$.

Mais $S_a + \Sigma_{a+1} = \Sigma_a$; donc $bS_a + b\,\Sigma_{a+1} = b\,\Sigma_a - b\,S_x - b\,\Sigma_{x+1} = -b\,(S_x + \Sigma_{x+1}) = -b\,\Sigma_x$; donc $p\,[b\,\Sigma_a - b\,\Sigma_x - b\,\Sigma_a + b\,\Sigma_x\,\mathrm{I} - R\,b\,S_x] = 0$; ou $p\,[\,\Sigma_a\,(b - 1) - \Sigma_x\,(b - 1)\,R\,bS_x = 0$.
d'où

$$R = \frac{p\,(\Sigma_x - \Sigma_a)\,(b - 1)}{bS_x}$$

L. **88.** et

$$p = \frac{RbS_x}{(\Sigma_a - \Sigma_x)\,(b - 1)}$$

LI. **91.** La prime d'admission donne droit à une rente $\frac{AZ_a}{S_x}$ (33) et la prime an-

Probl. N^os.

nuelle à une autre rente $\frac{p\,(S_a - S_x}{S_x}$ (56); c'est donc en tout

$$R = \frac{AZ_a + p\,(S_a - S_x}{S_x}$$

LII. **92.** et

$$p = \frac{RS_x - AZ_a}{S_a - S_x}$$

LIII. **93.** Dans la formule du problème LI, changeant x en y et S_x en Z_y, on a

$$\frac{AZ_a + p\,(S_a - S_y\,)}{Z_y}$$

LV. **95.** Dans le tableau du n° 142 arrêtons-nous à 91 ans; nous aurons $PN_{88}b^5 - R\,(N_{89}b^2 + N_{90}b + N_{91}\,)$ en payant trois années, quantité qu'on peut écrire $\frac{P}{b^3}\,Z_{88} - \frac{R}{b^3}\,(S_{89} - S_{92}) = 0$, ou $PZ_a = R\,(S_{a+1} - S_{a+1+n}) = 0$ d'où

$$P = \frac{R\,(S_{a+1} = S_{a+1+n})}{Z_a}$$

LVI. **96.** et

$$R = \frac{PZ_a}{S_{a+1} - S_{a+1+n}}$$

LVII. **98.** La formule est expliquée au n° 152.

LVIII. **99.** On obtient cette formule en faisant varier p dans le tableau n° 151.

LIX. **116.** Dans le problème $R = 0$, ainsi dans la formule du problème X, supprimant R et changeant K en M, on a

$$P = \frac{\left(\frac{S_a}{b} - S_{a+1}\right) M}{Z_a}$$

LX. **117.** et

$$M = \frac{PZ_a}{\frac{S_a}{b}\;S_{a+1}}$$

LXI. **119.** La quantité p étant placée tous les ans, son produit sera exprimé par pbS_{88}, les coefficients de M seront $D_{88}\,b^6$, $D_{89}\,b^5$, $D_{90}\,b^4$, etc. D_{94} qu'on mettra sous

Probl. Nos.

la forme de $-MS_{88} + MbS_{89}$; donc $pbs_{88} - MS_{88} + MbS_{89} = 0$; divisant par b et généralisant

$$p = \frac{M\left(\frac{S_a}{b} - S_{a+1}\right)}{S^a}$$

LXII. **120.** d'où

$$M = \frac{p\,S_a}{\frac{S_a}{b} - S_{a+1}}$$

LXIII. **121.** La quantité M deviendra $\frac{MZ_{88}}{b^3}$; les payements annuels seront, pour deux payements, $p\,N^{os}_{89}\,b^2 + p\,N_{90}\,b = \frac{p}{b^3}(S_{89} - S_{91})$, donc $\frac{MZ_{88}}{b^9} - \frac{p}{b^3}(S_{89} - S_{91}) = 0$, d'où

$$p = \frac{MZ_a}{S_{a+1} - S_{a+1+n}}$$

APPENDICE.

DES EMPRUNTS REMBOURSABLES PAR TIRAGE AU SORT.

1. Les entreprises industrielles sont souvent dans la nécessité d'avoir recours aux emprunts.

2. Ces emprunts se font généralement au moyen de l'émission d'actions ou d'obligations remboursables en un *nombre d'années donné*, et par tirage au sort.

3. Le nombre de ces actions ou obligations est déterminé d'avance, ainsi que le nombre d'actions ou d'obligations que l'on devra rembourser chaque année.

4. Il est évident que si du nombre total d'actions ou d'obligations émises on retranche le nombre d'actions ou d'obligations remboursées à la fin de la première année, on aura un reste ; si, de ce reste, on retranche le nombre d'actions ou d'obligations remboursées à la fin de la deuxième année, on aura un nouveau reste, et ainsi de suite ; on connaît donc, à la fin de chaque année et à l'avance, le nombre d'actions ou d'obligations remboursées, et le nombre de celles qui restent à rembourser.

5. Reportons-nous aux Tables de mortalité I, XIII et XVIII de l'ouvrage, nous verrons que la première colonne comprend tous les âges, depuis le plus bas âge jusqu'à l'extrémité de la vie. C'est donc un nombre d'années déterminé, et dont l'analogie avec le nombre d'années d'un emprunt (2) est parfaite.

6. La seconde colonne représente le nombre de survivants qui existent chaque année ; d'après ce qui est dit (4) plus haut, les restes successifs que l'on obtient expriment les parties existantes au commencement de chaque année. Et il y a encore une analogie parfaite entre la colonne des survivants d'une Table de mortalité et les parties existantes provenant d'un emprunt.

7. Comme les deux premières colonnes d'une table de mortalité sont la base des autres colonnes de la Table (2 à 4), on pourra traiter les systèmes d'actions ou d'obligations comme on a traité les rentes viagères, etc.

8. Prenons un exemple simple pour former la Table : Supposons qu'on émette 1200 actions ou obligations remboursables en 15 ans par le tirage au sort. Les deux formules des progressions par différence donneront $u = a + 14\,d$ et $S = (a + u)\frac{15}{2}$, ou $1200 = (2a + 14\,d)\frac{15}{2}$, ou $80 = a + 7\,d$; d'où $a = 80 - 7\,d$.

Pour $d = 1$, on a	$a = 73$	Pour $d = 6$	$a = 38$
$d = 2$	$a = 66$	$d = 7$	$a = 31$
$d = 3$	$a = 59$	$d = 8$	$a = 24$
$d = 4$	$a = 52$	$d = 9$	$a = 17$
$d = 5$	$a = 45$	$d = 10$	$a = 10$

Prenons le terme moyen $d = 5$ et $a = 45$, on trouvera aisément que les actions ou obligations remboursées, chaque année, seront : 45, 50, 55, 60, 65, 70, 75, 80, 85, 90, 95, 100, 105, 110 et 115, et que celles qui restent sont : 1155, 1105, 1050, 990, 925, 855, 780, 700, 615, 525, 430, 330, 225 et 115.

On pourra donc former les Tables auxiliaires A et B. La Table A n'offre aucune difficulté (4 à 8 de l'ouvrage); mais, pour la Table B, il faut observer qu'elle ne sert que dans le cas où on accorde des actions de jouissance. Or, à la fin de la première année, on n'en a pas à payer, car elles résultent du tirage fait à cette époque, et le payement n'a lieu qu'à la fin de la seconde année; à la fin de la troisième année, on a à payer les actions de jouissance des actions sorties à la fin des première et seconde années; à la fin de la quatrième, on paye les actions de jouissance des tirages des première, seconde et troisième années, etc., etc. En sorte que, dans l'exemple que nous avons choisi, on a 45 actions de jouissance à la fin de la seconde année; 45 + 50 ou 95 actions à la fin de la troisième; 45 + 50 + 55 = 150 pour la troisième année, etc. On remarquera aussi que le dernier tirage ne donne lieu à aucune action de jouissance, puisque l'opération est terminée.

9. Le remboursement d'un emprunt a lieu par le payement des intérêts, par le payement des actions ou obligations sorties avec ou sans prime, et par la remise d'actions de jouissance pour les actions sorties.

En se rappelant ce qui a été dit pour la formation des formules, on aura aisément, en représentant l'intérêt par K, le remboursement par L, et l'action de jouissance par M.

$\frac{KS_1}{bZ_1}$ pour l'intérêt d'une action.

$\frac{L\left(\frac{S_1}{b} - S_2\right)}{Z_1}$ pour le remboursement d'une action.

$\frac{M\,SD_2}{bZ_1}$ pour une action de jouissance.

Réunissant les trois formules

$$\frac{KS_1}{bZ_1} + \frac{L\left(\frac{S_1}{b} - S_2\right)}{Z_1} + \frac{MSD_1}{bZ_1} = \frac{1}{bZ_1}\left[KS_1 + Lb\left(\frac{S_1}{b} - S_2\right) + MSD_1\right]$$

Mais ce résultat indique la prime unique d'une action. Or, nous avons N actions ; la formule deviendra, pour toutes les actions,

$$\frac{N}{bZ_1}\left[KS_1 + Lb\left(\frac{S_1}{b} - S_2\right) + MSD_1\right]$$

Mais les compagnies ne se servent pas de la prime unique ; elles payent tous les ans une somme déterminée ou une prime annuelle. Pour passer de la prime unique à la prime annuelle, il suffit de multiplier la prime unique par le nombre qui, dans les Tables d'intérêts, indique l'amortissement (Table XX de mes Tables). Représentons par Y le nombre de cette Table, qui correspond au taux et au nombre d'années, la formule devient

$$\frac{NY}{bZ_1}\left[KS_1 + Lb\left(\frac{S_1}{b} - S_2\right) + MSD_1\right] = \text{la prime annuelle.}$$

10. Supposons l'intérêt $K = 30$ fr. ; le remboursement $L = 1000$ fr. et l'action de jouissance $M = 20$ fr. — Dans la Table précitée, vis-à-vis 15 ans, col. 5 %, on a $Y = 0,09634229$; en outre $N = 1200$ dans notre exemple.

Ainsi $NY = 115,610748000$

$KS_1 = 17316,4419 \times 30 =$ 519493,2570

$\frac{S_1}{b} = 16491,8494$

$S_2 = 14940,5240$

$Lb\left(\frac{S_1}{b} - S_2\right) = 1551,3254 \times 1050$ 1628891,6700

MSD_1 $8577,8345 \times 20$ 171556,6900

Somme........ 2319941,6170

NY 115,61074800

Produit.... 2682101856576,99516000 | $bZ_1 = 2494,713795$

Annuité......... 107511 fr. 40 c.

Voir le Tableau C.

11. Cette méthode offre le moyen d'augmenter ou de diminuer une des parties qui concourrent au remboursement (9), dans le cas où la somme dont on peut disposer est plus forte ou plus faible que l'annuité trouvée. En effet, on a les trois formules :

$$K = \frac{\frac{CbZ_1}{NY} - Lb\left(\frac{S_1}{b} - S_2\right) - MSD_1}{S_1} \quad (1)$$

$$L = \frac{\frac{CbZ_1}{NY} - KS_1 - M_1SD_1}{b\left(\frac{S_1}{b} - S_2\right)} \quad (2)$$

$$M = \frac{\frac{CbZ_1}{NY} - KS_1 - Lb\left(\frac{S_1}{b} - S_2\right)}{SD_1} \quad (3)$$

dans lesquelles C représente la somme disponible.

12. Supposons qu'on ne puisse disposer que 100000 tous les ans, et qu'on veuille faire porter la diminution sur les intérêts, on calculera d'abord $\frac{CbZ_1}{N_1Y}$, et on emploiera la première formule

$$\frac{CbZ_1 = 249171379,500000}{NY(10) = 115,610748} = 2157856,2877$$

$Lb\left(\frac{S_1}{b} - S_2\right) = 1628891,6700$	1800448,3600	
$MSD_1 = 171556,6900$		
Différence....	357407,9277	$S_1 = 17316,4419$
Intérêt....................		20 fr. 65 c.

Si on fait porter la diminution sur le remboursement, on se servira de la seconde formule

$\frac{CbZ_1}{NY}(12) =$		2157856,2877	
$KS_1 = (10)$	519493,2570	691049,9470	
$MSD_1 =$	171556,6900		
Différence.......		1466806,3407	$\left(\frac{S_1}{b} - S_2\right)b = 1628,891670$
Remboursement........			900 fr. 49 c.

Si on fait porter la réduction sur l'action de jouissance, on se servira de la troisième formule.

$\frac{CbZ_1}{NY}(12) =$		2157856,2877	
$KS_1 = (10)$	519493,2570	2148384,9270	
$Lb\left(\frac{S_1}{b} - S_2\right) =$	1628891,6700		
Différence......		9471,3607	$SD_1 = 8577,8345$
Action de jouissance........			11 fr. 04 c.

13. Prenons un exemple tiré des circonstances actuelles : En 1851, une administration de chemin de fer a émis 75000 obligations, rapportant 15 fr. d'intérêt, et remboursables à 500 fr., par tirage au sort et en 75 ans, quel que soit le cours auquel elles ont été négociées à la Bourse. Elle paye donc 3 % d'intérêt.

Je suis loin d'approuver la méthode suivie pour déterminer le nombre d'obligations que l'on tire chaque année ; on le fait par le tâtonnement, et ce mode d'opérations est toujours regrettable, parce qu'il fait supposer qu'on s'arrange pour payer peu dans les premières années, et qu'on laisse à ses successeurs les plus fortes sommes à rembourser, ce qui n'est pas vrai, comme je le ferai voir plus loin. Enfin prenons les choses telles qu'elles sont imprimées sur les obligations et formons la Table auxiliaire D. Pour ne laisser aucun doute, copions les chiffres portés sur l'obligation même.

EPOQUE de payement au 1er juillet.	OBLIGATIONS		EPOQUE de payement au 1er juillet.	OBLIGATIONS		EPOQUE de payement au 1er juillet.	OBLIGATIONS		EPOQUE de payement au 1er juillet.	OBLIGATIONS	
	dont on doit l'intérêt 15 fr.	sorties et remboursées 500 fr.		dont on doit l'intérêt 15 fr.	sorties et remboursées 500 fr.		dont on doit l'intérêt 15 fr.	sorties et remboursées 500 fr.		dont on doit l'intérêt 15 fr.	sorties et remboursées 500 fr.
»	»	»	»	»	7391	»	»	20742	»	»	44856
1852	75000	275	1872	67609	497	1892	54258	898	1912	30144	1621
53	74725	283	73	67112	512	93	53360	924	13	28523	1669
54	74442	292	74	66600	527	94	52436	952	14	26854	1719
55	74150	301	75	66073	543	95	51484	981	15	25135	1771
56	73849	310	76	65530	559	96	50503	1010	16	23364	1824
57	73539	319	77	63971	576	97	49493	1040	17	21540	1879
58	73220	328	78	64395	594	98	48453	1072	18	19661	1935
59	72892	338	79	63801	611	99	47381	1104	19	17726	1993
60	72554	348	80	63190	629	1900	46277	1137	20	15733	2053
61	72206	359	81	62561	648	1	45140	1171	21	13680	2115
62	71847	370	82	61913	668	2	43969	1206	22	11565	2178
63	71477	381	83	61245	688	3	42763	1242	23	9387	2244
64	71096	392	84	60557	708	4	41521	1279	24	7143	2311
65	70704	404	85	57849	730	5	40242	1318	25	4832	2380
66	70300	416	86	59119	752	6	38924	1357	26	2452	2452
67	69883	429	87	58367	774	7	37567	1398			
68	69455	441	88	57593	797	8	36169	1440			75000
69	69014	455	89	56796	821	9	34729	1483			
70	68559	468	90	55975	846	10	33246	1528			
1871	68091	482	1891	55129	871	1911	31718	1574			
		7391			20742			44856			

Nous pouvons maintenant calculer la prime annuelle nécessaire pour faire face aux dépenses. Comme on ne donne pas d'actions de jouissance, nous supprimerons le terme MSD_1 dans la formule du n° 9, et nous aurons

$$\frac{NY}{bZ_1}\left[KS_1 + bL\left(\frac{S_1}{b} - S_2\right)\right]$$

dans laquelle $K = 15$, $L = 500$, $b = 1,03$, $N = 75000$ et $Y = 0,0336.6796$ pris dans mes Tables d'amortissement pour 3 % et 75 ans ; ainsi $NY = 2525,097$

$KS_1 =$ 16816509,1040 × 15 =	252277636,5600		
$\frac{S_1}{b} =$ 16328649,6155			
$S_2 =$ 16150140,7300			
Différence. . 178508,8855 × 515 =	91932076,0325		
Somme....	344209712,5925		
NY = ...	2525,097		
Produit.....	869162912638,1839725	$bZ_1 =$ 688419,425220	
Annuité.....		1.262.548 fr. 50 c.	

Le Tableau E prouve que cette annuité satisfait à la question.

14. En examinant ce Tableau, on trouve que le plus fort payement correspond à 1878, et est de 1262925 fr., et que le plus faible est de 1262300 en 1858 ; c'est donc une différence de 625 fr. qui ne peut être attribuée qu'au défaut de régularité dont varie le nombre d'obligations remboursées chaque année.

J'ai fait précéder les nombres de la colonne intitulée *Reste* des signes + et —. Le signe + indique ce qui reste disponible, le payement étant effectué ; le signe — indique la somme que l'administration doit avancer pour le compléter. On voit qu'en général, ces sommes n'atteignent pas 500 fr.

Puisque la plus forte somme à payer est 1,262,925 fr. et la plus faible 1,262,300 fr., on doit reconnaître que le reproche fait aux compagnies de réserver les payements les plus considérables pour les dernières années est tout à fait mal fondé ; et pourtant le fait m'a été assuré par des personnes compétentes et de bonne foi. Du reste, ces exemples m'ont été donnés par le chemin du Nord.

15. Mais cette question présente deux systèmes : l'un qui convient à l'administration et que nous venons de traiter ; l'autre qui convient aux porteurs d'obligations et dont nous allons nous occuper.

Les capitalistes n'ont pas voulu accepter un intérêt de 3 % ; en sorte que les obligations ne se sont négociées, à la Bourse, qu'un peu au-dessus et au-dessous de 300 fr. Prenons ce dernier cours comme prix moyen et l'argent rapportera 5 % au porteur d'obligations, car il reçoit 15 fr. d'intérêt pour 300 fr. qu'il a payés.

Formons le Tableau F au moyen duquel on peut calculer l'annuité, que l'on trouverait de 2.644606 fr.

16. On pourra aussi calculer les valeurs annuelles des obligations (Tableau G). Pour bien comprendre cette méthode, il faut admettre qu'une seule personne achète toutes les obligations qui existent à une année quelconque. Supposons l'année 1920. — Il reste 13680 obligations; et en 1920, Tableau G, elles valent 468,48; il faudra donc que la personne qui achètera les 13680 obligations débourse 6408806 fr., somme dans laquelle elle devra rentrer jusqu'à la fin de l'opération, et en recevant, tous les ans, les intérêts à 5 %, et la somme qui sera due à la fin de chaque année. On aura donc

Déboursé en 1920.	6408806	
Intérêt à 5 %. .	320440	
	6729246	
A la fin de 1920, on reçoit	1262700	(Tableau E.)
Reste dû, fin 1920.	5466546	
Intérêt à 5 %. .	273327	
	5739873	
A la fin de 1921, on reçoit.	1262475	
Reste dû, fin 1921.	4477398	
Intérêt à 5 %. . .	223870	
	4701268	
A la fin de 1922, on reçoit.	1262805	
Reste dû, fin 1922.	3438463	
Intérêt à 5 %. . .	171923	
	3610386	
A la fin de 1923, on reçoit.	1262645	
Reste dû, fin de 1923. . . .	2347741	
Intérêt à 5 %.. .	117387	
	2465128	
A la fin de 1924, on reçoit.	1262480	
Reste dû, fin de 1924. . . .	1202648	
Intérêt à 5 %. .	60132	
	1262780	
A la fin de 1925, on reçoit.	1262780	

Ainsi en payant 6408806 les 13680 obligations qui restent en 1920, on reçoit les intérêts à 5 % de cette somme, et on est remboursé de ses avances à la fin de l'opération ; donc en 1920, l'obligation vaut réellement 468 fr. 48 c. Il en est de même de toutes les valeurs indiquées dans le Tableau G.

17. Mais si dans une année quelconque (1858 par exemple) on avait acheté pour 300 fr. une des obligations, combien devrait-elle valoir dans les années suivantes d'après les probabilités ?

Pour obtenir ces résultats, on dira :

La différence entre 500 *fr. et la valeur annuelle de l'époque de l'achat est à la différence entre* 500 *fr. et le prix d'achat, comme la différence entre deux valeurs consécutives est à un quatrième terme, que l'on ajoutera à la valeur trouvée précédemment.*

Si on suppose avoir acheté une obligation 300 fr. en 1858, on aura :

	500 — 333,86	:	500 — 300	::	334,79 — 333,86	:	un quatrième terme ;
ou	166,14	:	200	::	0,93	:	un quatrième terme ;
ou	1	:	1,2038	::	0,93	:	1,14

qui, ajoutés à 300, donnent 301, 12 en 1859.

Pour l'année suivante 1 : 1,2038 :: 0,95 : 1,14 ;

y ajoutant 301,12, on a 302,26 en 1860, et ainsi de suite. Voir le Tableau G, page 39.

18. J'ai traité cette question sous toutes les formes qu'elle peut prendre ; il n'est donc pas étonnant que cet exemple paraisse long et difficile aux personnes qui s'occupent de ces calculs. Mais, en général, voici à quoi se borne le travail dans les cas les plus compliqués.

19. Prenons un emprunt de 10,000,000 fr. qui a été contracté récemment à 5 % en émettant 20,000 actions avec les conditions suivantes :

Remboursement en 90 ans ;
Un intérêt de 38 fr. par action existante ;
1075 fr. pour remboursement de chaque action sortie ;
Et une action de jouissance de 10 fr. pour toutes les actions sorties.

20,000 divisés par 90 donne 20 pour reste ; je ne prendrai donc que 19,980 actions, et reporterai ces 20 actions à la fin. On trouvera par la formule connue $S = \left(2a + (n-1)d\right)\frac{n}{2}$

$19980 = (2a + 89d)\frac{90}{2}$, ou $39960 = 180a + 90 \times 89d$; d'où

$$a = \frac{39960 - 90 \times 89d}{180} = 222 - \frac{8010}{180}d = 222 - 44d - \frac{d}{2}.$$

Or, si on fait $d = 2$, $a = 133$; $d = 4$, $a = 44$; il n'y a que ces deux systèmes possibles, car $d = 6$ donnerait une quantité négative pour a. Nous prendrons $d = 4$ et $a = 44$ pour former le Tableau auxiliaire H afin d'établir la dépense.

Reprenons la formule $\frac{NY}{bZ_1}\left(KS_1 + Lb\left(\frac{S_1}{b} - S_2\right) + MSD_1\right)$ dans laquelle $N = 19980$; $Y = 0,05062711$, d'où $NY = 1011,52965780$; $K = 38$; $L = 1075$; $M = 10$; $Lb = 1128,75$.

En se reportant au Kableau H

$$S_1 = 28450344,6364;\ \frac{S_1}{b} = 27095566,3204.$$

$$S_2 = S_1 - Z_1 = 26914161,1186;\ \frac{S_1}{b} - S_2 = 181405,2018.$$

$$SD_1 = 3412756,1100.$$

$$Z_1 = 1536183,5178.$$

$$bZ_1 = 1612992,693690.$$

$S_1 = 28450344,6364$ $K = 38$	produit...	1081113096,1832	
$\frac{S_1}{b} - S_2 = 180992,2860$ $Lb = 1128,75$		204761121,5317	
$SD_1 = 3410945,0542$ $M = 10$		34127561,1000	
Somme...............		1320001788,6317	
$NY =$		1011,5296578	
Produit..............		1335220957550,011431	= 827791,07
$bZ_1 =$		1612992,693690	

Les 20 actions reportées à la fin valent : pour l'intérêt sur le pied de 38 fr., 760 fr.; pour le remboursement sur le pied de 1075 fr. 21500 fr.; en tout, 22260 fr. Mais pour 22260 après 90 ans, il faut diviser cette somme par 1594.6073 (d'après les Tables d'intérêts), ce qui donne... 13,96

La somme forme l'annuité............. 827805,03

Comme on le voit le calcul de l'annuité ne demande que peu de travail ; mais malheureusement la Table auxiliaire en demande davantage. Malgré cela, je recommande cette manière d'opérer aux compagnies qui font des emprunts. Elles arriveront d'une manière sûre, et non par un travail d'essais qui n'est jamais régulier.

20. Pour ne rien laisser à désirer, je proposerai aux personnes qui ont mes Tables d'intérêts de faire usage des formules suivantes :

Pour les intérêts $x b^{n} =$

$$\mathrm{KY}\left[\mathrm{N}\frac{b^{n}-1}{b-1}-\frac{a}{b-1}\left(\frac{b^{n}-1}{b-1}-n\right)-\frac{d}{(b-1)^{2}}\left(\frac{b^{n}-1}{b-1}-b-(n-1)\right)+\frac{d}{b-1}\,\frac{n^{2}-n-2}{2}\right]$$

Pour le remboursement $x b^{n} =$

$$\mathrm{LY}\left[a\frac{b^{n}-1}{b-1}+\frac{d}{b-1}\left(\frac{b^{n}-1}{b-1}-n\right)\right]$$

Pour les actions de jouissance $x b^{n} =$

$$\mathrm{MY}\left[\frac{a}{b-1}\left(\frac{b^{n}-1}{b-1}-n\right)+\frac{d}{(b-1)^{2}}\left(\frac{b^{n}-1}{b-1}-b-(n-1)\right)-\frac{d}{b-1}\,\frac{n^{2}-n-2}{2}\right]$$

Réunissant les trois équations et appelant $\times$ la prime annuelle totale, on aura

$$\times=\frac{\mathrm{Y}}{b^{n}}\left[(\mathrm{KN}+\mathrm{L}a)\left(\frac{b^{n}-1}{b-1}\right)+\left(\frac{-\mathrm{K}a+\mathrm{L}d+a\mathrm{M}}{b-1}\right)\left(\frac{b^{n}-1}{b-1}-n\right)+\left(\frac{-\mathrm{K}d+\mathrm{M}d}{(b-1)^{2}}\right)\left(\frac{b^{n}-1}{b-1}-b-(n-1)+\frac{\mathrm{K}d-\mathrm{M}d}{b-1}\left(\frac{n^{2}-n-2}{2}\right)\right)\right]$$

$$\text{Mais}\quad \times=\frac{b^{n}(b-1)}{b^{n}-1}\,;\quad \text{donc}\quad \frac{\mathrm{Y}}{b^{n}}=\frac{b-1}{b^{n}-1}=\frac{1}{\dfrac{b^{n}-1}{b-b}}$$

$$\times=\frac{(\mathrm{KN}+\mathrm{L}a)\left(\dfrac{b^{n}-1}{b-1}\right)+\left(\dfrac{-\mathrm{K}a+\mathrm{L}d+a\mathrm{M}}{b-1}\right)\left(\dfrac{b^{n}-1}{b-1}-n\right)+\left(\dfrac{-\mathrm{K}d+\mathrm{M}d}{(b-1)^{2}}\;\dfrac{b^{n}-1}{b-1}-b-(n-1)\right)+\dfrac{\mathrm{K}d-\mathrm{M}d}{b-1}\;\dfrac{n^{2}-n-2}{2}\Big)}{\dfrac{b^{n}-1}{b-1}}$$

Faisons l'application de cette formule au dernier problème. Je conseillerai de suivre la marche suivante :

$$\mathrm{N}=19980\,;\ \mathrm{K}=38\,;\ a=44\,;\ \mathrm{L}=1075\,;\ d=4\,;\ \mathrm{M}=10\,;\ n=90\,;\ b=1{,}05.$$

$$\mathrm{KN}+\mathrm{L}a=806540\,;\ -\mathrm{K}a+\mathrm{L}d+a\mathrm{M}=3068\,;\ \frac{3068}{0{,}05}=61360\,;\ -\mathrm{K}d+\mathrm{M}d=-112\,;$$

$$\frac{112}{0{,}0025}=-448000\,;\ \mathrm{K}d-\mathrm{M}d=112\,;\ \frac{112}{00{,}5}=2240\,;\ \frac{n^{2}-n-2}{2}=4004.$$

$$\frac{b^{90}-1}{b-1}=1594{,}60730086;\ \frac{b^{90}-1}{b-1}-90=1504{,}60730086;\ \frac{b^{90}-1}{b-1}-b-(n-1)=\quad 1504{,}55730086$$

$$\frac{b^{n}-1}{b-1}(\mathrm{KN}+\mathrm{L}a)= \quad 1594{,}60730086\times 806540=+\ 1286114572{,}43562440$$

$$\left(\frac{b^{n}-1}{b-1}-n\right)\left(\frac{-\mathrm{K}a+\mathrm{L}d+a\mathrm{M}}{b-1}\right)= \quad 1504{,}60730086\times 61360=+\quad 92322703{,}98076960$$

Somme. . . . 1378437276,41639400

$$\left(\frac{b^{n}-1}{b-1}-b-(n-1)\right)\left(\frac{-\mathrm{K}d+\mathrm{M}d}{(b-1)^2}\right)=1504{,}55730086\times -448000=-\quad 67404167{,}07842800$$

Différence + 1311033109,33796600

$$\frac{n^2-n-2}{2}\left(\frac{\mathrm{K}d-\mathrm{M}d}{b-1}\right)= \quad 4004\times 2240 \quad +\ 8968960$$

Somme. . . . 1320002069,33796600

Enfin $\dfrac{1320002069{,}33796600}{1594{,}60730086}=827791$

Ajoutant, pour les 20 actions, 14

On a l'annuité. . . . . 827805 comme précédemment j'en ai fait le Tableau arithmétique, et cette annuité satisfait parfaitement à la question.

21. S'il n'y avait pas d'actions de jouissance, la quantité M deviendrait zéro, et on aurait la formule :

$$x=\frac{(\mathrm{KN}+\mathrm{L}a)\left(\frac{b^{n}-1}{b-1}\right)+\left(\frac{-\mathrm{K}a+\mathrm{L}d}{b-1}\right)\left(\frac{b^{n}-1}{b-1}-n\right)-\frac{\mathrm{K}d}{(b-1)^2}\left(\frac{b^{n}-1}{b-1}-b-(n-1)\right)+\frac{\mathrm{K}d}{b-1}\left(\frac{n^2-n-2}{2}\right)}{\frac{b^{n}-1}{b-1}}$$

21. Faisons une application de cette formule, qui me paraît plus facile à exécuter que celle que j'ai donnée dans mes Tables (page 123).

Supposons qu'on émette 120000 obligations rapportant 4 % d'intérêt, remboursables en 46 ans par tirage au sort; les obligations rapportant 32 fr. d'intérêt et devant être remboursées à 1100 fr., on demande l'annuité.

Je suppose qu'on tire 1050 obligations la première année, et que le nombre d'actions tirées augmente de 100 tous les ans.

$$K = 32\,;\ N = 120000\,;\ L = 1100\,;\ n = 40\,;\ a = 1050\,;\ d = 100$$

$$KN + La = 3840000 + 1155000 = 4995000$$

$$\frac{-Ka+Ld}{b-1} = \frac{-33600+110000}{0{,}04} = \frac{76400}{0{,}04} = 1910000$$

$$\frac{-Kd}{(b-1)^2} = \frac{-3209}{00016} = -2000000\,;\ +\frac{Kd}{b-1} = \frac{3200}{0{,}04} = 80000\,;\ \frac{n^2-n-2}{2} = 779.$$

$$(KN+La) \times \frac{b^{40}-1}{b-1} = \quad 95{,}0255.1572 \times 4995000 = \quad 474652451{,}02140000$$

$$\frac{(-Ka+Ld)}{b-1} \times \frac{b^n-1}{b-1} - 40 = 55{,}0255.1572 \times 1910000 = \quad 105098735{,}02520000$$

Somme. . . . $579751186{,}04660000$

$$-\frac{Kd}{(b-1)^2} \times \frac{b^n-1}{b-1} - b - 39 = -54{,}9895.1572 \times 2000000 = -109971031{,}44000000$$

Différence.. . $469780154{,}60660000$

$$\frac{+Kd}{b-1}\,\frac{n^2-n-2}{2} = \quad 80000 \times 779 \quad 62320000$$

Somme. . . . $532100154{,}60660000$

$$\frac{b^n-1}{b-1} = \quad \frac{532100154{,}60660000}{95{,}02551572} = 5.599550 \text{ (Annuité)}$$

Cette annuité 5.599.550 satisfait à la question connue ; on pourra s'en convaincre en examinant le Tableau suivant :

ANNÉES.	OBLIGATIONS SORTIES.	OBLIGATIONS EXISTANTES.	OBLIGATIONS sorties multipliées par 1100 fr.	OBLIGATIONS existantes multipliées par 32 fr.	DÉPENSE TOTALE.	FONDS DISPONIBLE.	RESTE.	INTÉRÊT à 4 %.	RESTE et INTÉRÊTS.	ANNUITÉ.	FONDS DISPONIBLE.
1	1050	120000	1155000	3840000	4995000	5599550	604550	24182	628732	5599550	6228282
2	1150	118950	1265000	3806400	5071400	6228282	1156882	46275	1203157	5599550	6802707
3	1250	117800	1375000	3769600	5144600	6802707	1658107	66324	1724431	5599550	7323981
4	1350	116550	1485000	3729600	5214600	7323981	2109381	84375	2193756	5599550	7793301
5	1450	115200	1595000	3686400	5281400	7793306	2511906	100476	2612382	5599550	8211932
6	1550	113750	1705000	3640000	5345000	8211932	2866932	114677	2981609	5599550	8581159
7	1650	112200	1815000	3590400	5405400	8581159	3175759	127030	3302789	5599550	8902339
8	1750	110550	1925000	3537600	5462600	8902339	3439739	137590	3577329	5599550	9176879
9	1850	108801	2035000	3481600	5516600	9176879	3660279	146411	3806690	5599550	9406240
10	1950	106950	2145000	3422400	5567400	9406240	3838840	153554	3992394	5599550	9591944
11	2050	105001	2255000	3360000	5615000	9591944	3976944	159078	4136022	5599550	9735572
12	2150	102951	2365000	3294400	5659400	9735572	4076172	163047	4239219	5599550	9838769
13	2250	100800	2475000	3225600	5700600	9838769	4138169	165527	4303696	5599550	9903246
14	2350	98550	2585000	3153600	5738600	9903246	4164646	166586	4331232	5599550	9930782
15	2450	96200	2695000	3078400	5773400	9930782	4157382	166295	4323677	5599550	9923227
16	2550	93750	2805000	3000000	5805000	9923227	4118227	164729	4282956	5599550	9882506
17	2650	91200	2915000	2918400	5833400	9882506	4049106	161964	4211070	5599550	9810620
18	2750	88550	3025000	2833600	5858600	9810620	3952020	158081	4110101	5599550	9709651
19	2850	85800	3135000	2745600	5880600	9709651	3829051	153162	3982213	5599580	9581763
20	2950	82950	3245000	2654400	5899400	9581763	3682363	147294	3829657	5599550	9429207
21	3050	80000	3355000	2560000	5915000	9429207	3514207	140568	3654775	5599550	9254325
22	3150	76950	3465000	2462400	5927400	9254325	3326925	133077	3460002	5599550	9059552
23	3250	73800	3575000	2361600	5936600	9059552	3122952	124918	3247870	5599550	8847420
24	3350	70550	3685000	2257600	5942600	8847420	2904820	116193	3021013	5599550	8620563
25	3450	67200	3795000	2150400	5945400	8620563	2675163	107007	2782170	5599550	8381720
26	3550	63750	3905000	2040000	5945000	8381720	2436720	97469	2534189	5599550	8133739
27	3650	60200	4015000	1926400	5941400	8133739	2192339	87694	2280033	5599550	7879583
28	3750	56550	4125000	1809600	5934600	7879583	1944983	77799	2022782	5599550	7622332
29	3850	52800	4235000	1689600	5924600	7622332	1697732	67909	1765641	5599550	7365191
30	3950	48950	4345000	1566400	5911400	7365191	1453791	58152	1511943	5599550	7111493
31	4050	45000	4455000	1440000	5895000	7111493	1216493	48660	1265153	5599550	6864703
32	4150	40950	4565000	1310400	5875400	6864703	989303	39572	1028875	5599550	6628425
33	4250	36800	4675000	1177600	5852600	6628425	775825	31033	806858	5599550	6406408
34	4350	32550	4785000	1041600	5826600	6406408	579808	23192	603000	5599550	6202550
35	4450	28200	4895000	902400	5797400	6202550	405150	16206	421356	5599550	6020906
36	4550	23750	5005000	760000	5765000	6020906	255906	10236	266142	5599550	5865692
37	4650	19200	5115000	614400	5729400	5865692	136292	5452	141744	5599550	5741294
38	4750	14550	5225000	465600	5690600	5741294	50694	2028	52722	5599550	5652272
39	4850	9800	5335000	313600	5648600	5652272	3672	147	3819	5599550	5603369
40	4950	4950	5445000	158400	5603400	5603369	— 31	*		5599550	

* Il manque 31 fr. qui proviennent de ce que l'annuité a été prise au nombre rond 5599550 au lieu de 5599556 fr. 36 c.

Cette méthode me paraît plus simple que toutes les autres.

Paris. — Imprimerie de Pommeret et Moreau, 42, rue Vavin.

DÉPARCIEUX.

I. Table auxiliaire calculée à 3 p. % par an.

Age. a	SURVIVANTS N_a	Z_a	S_a	Σ_a
94	1	1,0000	1,0000	1,0000
93	2	2,0600	3,0600	4,0600
92	4	4,2436	7,3036	11,3636
91	7	7,6491	14,9527	26,3163
90	11	12,3806	27,3333	53,6496
89	16	18,5484	45,8817	99,5313
88	22	26,2691	72,1508	171,6821
87	29	35,6663	107,8171	279,4992
86	38	48,1373	155,9544	435,4536
85	48	62,6291	218,5835	654,0371
84	59	79,2911	297,8746	951,9117
83	71	98,2806	396,1552	1348,0669
82	85	121,1897	517,3449	1865,4118
81	101	148,3219	665,6668	2531,0786
80	118	178,4856	844,1524	3375,2310
79	136	211,8836	1056,0360	4431,2670
78	154	247,1248	1303,1608	5734,4278
77	173	285,9426	1589,1034	7323,5312
76	192	326,8671	1915,9705	9239,5017
75	211	369,9898	2285,9603	11525,4620
74	231	417,2117	2703,1720	14228,6340
73	251	466,9339	3170,1059	17398,7399
72	271	519,2640	3689,3699	21088,1098
71	291	574,3137	4263,6836	25351,7934
70	310	630,1662	4893,8498	30245,6432
69	329	688,8529	5582,7027	35828,3459
68	347	748,3371	6331,0398	42159,3857
67	364	808,5492	7139,5890	49298,9747
66	380	869,4125	8009,0015	57307,9762
65	395	930,8434	8939,8449	66247,8211
64	409	992,7504	9932,5953	76180,4164
63	423	1057,5340	10990,1293	87170,5457
62	437	1125,3112	12115,4405	99285,9862
61	450	1193,5509	13308,9914	112594,9776
60	463	1264,8722	14573,8636	127168,8412
59	476	1339,3985	15913,2621	143082,1033
58	489	1417,2581	17330,5202	160412,6235
57	502	1498,5838	18829,1040	179241,7275
56	514	1580,4387	20409,5427	199651,2702
55	526	1665,8562	22075,3989	221726,6691
54	538	1754,9763	23830,3752	245557,0443
53	549	1844,5845	25674,9597	271232,0040
52	560	1937,9897	27612,9494	298844,9534
51	571	2035,3391	29648,2885	328493,2419
50	581	2133,1138	31781,4023	360274,6442
49	590	2231,1415	34012,5438	394287,1880
48	599	2333,1312	36345,6750	430632,8630
47	607	2435,2203	38780,8953	469413,7583
46	615	2541,3349	41322,2302	510735,9885
45	622	2647,3685	43969,5987	554705,5872
44	629	2757,4769	46727,0756	601432,6628
43	636	2871,8092	49598,8848	651031,5476
42	643	2990,5196	52589,4044	703620,9520
41	650	3113,7681	55703,1725	759324,1245
40	657	3241,7200	58944,8925	818269,0170
39	664	3374,5467	62319,4392	880588,4562
38	671	3512,4254	65831,8646	946420,3208
37	678	3655,5397	69487,4043	1015907,7251
36	686	3809,6331	73297,0374	1089204,7625
35	694	3969,6821	77266,7195	1166471,4820
34	702	4135,9054	81402,6249	1247874,1069
33	710	4308,5294	85711,1543	1333585,2612
32	718	4487,7884	90198,9427	1423784,2039
31	726	4673,9254	94872,8681	1518657,0720
30	734	4867,1916	99740,0597	1618397,1317
29	742	5067,8472	104807,9069	1723205,0386
28	750	5276,1617	110084,0686	1833289,1072
27	758	5492,4139	115576,4825	1948865,5897
26	766	5716,8928	121293,3753	2070158,9650
25	774	5949,8972	127243,2725	2197402,2375
24	782	6191,7367	133435,0092	2330837,2467
23	790	6442,7317	139877,7409	2470714,9876
22	798	6703,2138	146580,9547	2617295,9423
21	806	6973,5263	153554,4810	2770850,4233
20	814	7254,0248	160808,5058	2931658,9291
19	821	7535,8980	168344,4038	3100003,3329
18	828	7828,1550	176172,5588	3276175,8917
17	835	8131,1651	184303,7239	3460479,6156
16	842	8445,3104	192749,0343	3653228,6499
15	848	8760,6555	201509,6898	3854738,3397
14	854	9087,3205	210597,0103	4065335,3500
13	860	9425,7009	220022,7112	4285358,0612
12	866	9776,2054	229798,9166	4515156,9778
11	872	10139,2571	239938,1737	4755095,1515
10	880	10539,2461	250477,4198	5005572,5713
9	890	10978,7806	261456,2004	5267028,7717
8	902	11460,6134	272916,8138	5539945,5855
7	915	11974,5622	284891,3760	5824836,9615
6	930	12535,9925	297427,3685	6122264,3300
5	948	13161,9833	310589,3518	6432853,6818
4	970	13871,4531	324460,8049	6757314,4867
3	1000	14729,4811	339190,2860	7096504,7727
2	1040	15778,2202	354968,5062	7451473,2789
1	1092	17064,1451	372032,6513	7823505,9302
0	1359	21873,5150	393906,1663	8217412,0965

DÉPARCIEUX.

II. Table auxiliaire calculée à 3 1/2 p. % par an.

Age. a	SURVIVANTS N_a	Z_a	S_a	Σ_a
94	1	1,0000	1,0000	1,0000
93	2	2,0700	3,0700	4,0700
92	4	4,2849	7,3549	11,4249
91	7	7,7610	15,1159	26,5408
90	11	12,6228	27,7387	54,2795
89	16	19,0030	46,7417	101,0212
88	22	27,0436	73,7853	174,8065
87	29	36,8961	110,6814	285,4879
86	38	50,0387	160,7201	446,2080
85	48	65,4191	226,1392	672,3472
84	59	83,2253	309,3645	981,7117
83	71	103,6578	413,0223	1394,7340
82	85	128,4408	541,4631	1936,1971
81	101	157,9596	699,4227	2635,6198
80	118	191,0060	890,4287	3526,0485
79	136	227,8474	1118,2761	4644,3246
78	154	267,0339	1385,3100	6029,6346
77	173	310,4789	1695,7889	7725,4235
76	192	356,6379	2052,4268	9777,8503
75	211	405,6478	2458,0746	12235,9249
74	231	459,6412	2917,7158	15153,6407
73	251	516,9173	3434,6331	18588,2738
72	271	577,6396	4012,2727	22600,5465
71	291	641,9793	4654,2520	27254,7985
70	310	707,8318	5362,0838	32616,8823
69	329	777,5076	6139,5914	38756,4737
68	347	848,7476	6988,3390	45744,8127
67	364	921,4904	7909,8294	53654,6421
66	380	995,6653	8905,4947	62560,1368
65	395	1071,1918	9976,6865	72536,8233
64	409	1147,9786	11124,6651	83661,4884
63	423	1228,8283	12353,4934	96014,9818
62	437	1313,9312	13667,4246	109682,4064
61	450	1400,3741	15067,7987	124750,2051
60	463	1491,2583	16559,0570	141309,2621
59	476	1586,7891	18145,8461	159455,1082
58	489	1687,1801	19833,0262	179288,1344
57	502	1792,6548	21625,6810	200913,8154
56	514	1899,7498	23525,4308	224439,2462
55	526	2012,1455	25537,5763	249976,8225
54	538	2130,0817	27667,6580	277644,4805
53	549	2249,7108	29917,3688	307561,8493
52	560	2375,1045	32292,4733	339854,3226
51	571	2506,5199	34798,9932	374653,3158
50	581	2639,6815	37438,6747	412091,9905
49	590	2774,3915	40213,0662	452305,0567
48	599	2915,2977	43128,3639	495433,4206
47	607	3057,6314	46185,9953	541619,4159
46	615	3206,3572	49392,3525	591011,7684
45	622	3356,3522	52748,7047	643760,4731
44	629	3512,9190	56261,6237	700022,0968
43	636	3676,3340	59937,9577	759960,0545
42	643	3846,8846	63784,8423	823744,8968
41	650	4024,8703	67809,7126	891554,6094
40	657	4210,6026	72020,3152	963574,9246
39	664	4404,4057	76424,7209	1039999,6455
38	671	4606,6170	81031,3379	1121030,9834
37	678	4817,5877	85848,9256	1206879,9090
36	686	5045,0376	90893,9632	1297773,8722
35	694	5282,5073	96176,4705	1393950,3427
34	702	5530,4198	101706,8903	1495657,2330
33	710	5789,2151	107496,1054	1603153,3384
32	718	6059,3513	113555,4567	1716708,7951
31	726	6341,3052	119896,7619	1836605,5570
30	734	6635,5732	126532,3351	1963137,8921
29	742	6942,6719	133475,0070	2096612,8991
28	750	7263,1389	140738,1459	2237351,0450
27	758	7597,5338	148335,6797	2385686,7247
26	766	7946,4390	156282,1187	2541968,8434
25	774	8310,4606	164592,5793	2706561,4227
24	782	8690,2294	173282,8087	2879844,2314
23	790	9086,4016	182369,2103	3062213,4417
22	798	9499,6603	191868,8706	3254082,3123
21	806	9930,7163	201799,5869	3455881,8992
20	814	10380,3092	212179,8961	3668061,7953
19	821	10836,0099	223015,9060	3891077,7013
18	828	11310,8937	234326,7997	4125404,5010
17	835	11805,7453	246132,5450	4371537,0460
16	842	12321,3807	258453,9257	4629990,9717
15	848	12843,5028	271297,4285	4901288,4002
14	854	13387,0799	284684,5084	5185972,9086
13	860	13952,9740	298637,4824	5484610,3910
12	866	14542,0815	313179,5639	5797789,9549
11	872	15155,3342	328334,8981	6126124,8530
10	880	15829,6771	344164,5752	6470289,4282
9	890	16569,8943	360734,4695	6831023,8977
8	902	17381,0744	378115,5439	7209139,4416
7	915	18248,6830	396364,2269	7605503,6685
6	930	19197,0162	415561,2431	8021064,9116
5	948	20253,4713	435814,7144	8456879,6260
4	970	21448,8107	457263,5251	8914143,1511
3	1000	22886,1021	480149,6272	9394292,7783
2	1040	24634,6003	504784,2275	9899077,0058
1	1092	26771,6519	531555,8794	10430632,8852
0	1359	34483,5792	566039,4586	10996672,3438

DÉPARCIEUX.

III. Table auxiliaire calculée à 4 p. % par an.

Age. a	SURVIVANTS N_a	Z_a	S_a	Σ_a
94	1	1,0000	1,0000	1,0000
93	2	2,0800	3,0800	4,0800
92	4	4,3264	7,4064	11,4864
91	7	7,8740	15,2804	26,7668
90	11	12,8684	28,1488	54,9156
89	16	19,4664	47,6152	102,5308
88	22	27,8370	75,4522	177,9830
87	29	38,1620	113,6142	291,5972
86	38	52,0056	165,6198	457,2170
85	48	68,3190	233,9388	691,1558
84	59	87,3344	321,2732	1012,4290
83	71	109,3012	430,5744	1443,0034
82	85	136,0877	566,6621	2009,6655
81	101	168,1724	734,8345	2744,5000
80	118	204,3378	939,1723	3683,6723
79	136	244,9283	1184,1006	4867,7729
78	154	288,4391	1472,5397	6340,3126
77	173	336,9867	1809,5264	8149,8390
76	192	388,9568	2198,4832	10348,3222
75	211	444,5452	2643,0284	12991,3506
74	231	506,1494	3149,1778	16140,5284
73	251	571,9708	3721,1486	19861,6770
72	271	642,2480	4363,3966	24225,0736
71	291	717,2322	5080,6288	29305,7024
70	310	794,6243	5875,2531	35180,9555
69	329	877,0602	6752,3133	41933,2688
68	347	962,0470	7714,3603	49647,6291
67	364	1049,5462	8763,9065	58411,5356
66	380	1139,5073	9903,4138	68314,9494
65	395	1231,8673	11135,2811	79450,2305
64	409	1326,5496	12461,8307	91912,0612
63	423	1426,8354	13888,6661	105800,7273
62	437	1533,0217	15421,6878	121222,4151
61	450	1641,7715	17063,4593	138285,8744
60	463	1756,7685	18820,2278	157106,1022
59	476	1878,3384	20698,5662	177804,6684
58	489	2006,8230	22705,3892	200510,0576
57	502	2142,5811	24847,9703	225358,0279
56	514	2281,5501	27129,5204	252487,5483
55	526	2428,2085	29557,7289	282045,2772
54	538	2582,9491	32140,6780	314185,9552
53	549	2741,1907	34881,8687	349067,8239
52	560	2907,9590	37789,8277	386857,6516
51	571	3083,6828	40873,5105	427731,1621
50	581	3263,1953	44136,7058	471867,8679
49	590	3446,2937	47582,9995	519450,8674
48	599	3638,8188	51221,8183	570672,6857
47	607	3834,9141	55056,7324	625729,4181
46	615	4040,8749	59097,6073	684827,0254
45	622	4250,3433	63347,9506	748174,9760
44	629	4470,1038	67818,0544	815993,0304
43	636	4700,6446	72518,6990	888511,7294
42	643	4942,4765	77461,1755	965972,9049
41	650	5196,1340	82657,3095	1048630,2144
40	657	5462,1760	88119,4855	1136749,6999
39	664	5741,1876	93860,6731	1230610,3730
38	671	6033,7807	99894,4538	1330504,8268
37	678	6340,5953	106235,0491	1436739,8759
36	686	6672,0270	112907,0761	1549646,9520
35	694	7019,8283	119926,9044	1669573,8564
34	702	7384,7784	127311,6828	1796885,5392
33	710	7767,6929	135079,3757	1931964,9149
32	718	8169,4248	143248,8005	2075213,7154
31	726	8590,8670	151839,6675	2227053,3829
30	734	9032,9535	160872,6210	2387926,0039
29	742	9496,6615	170369,2825	2558295,2864
28	750	9983,0135	180352,2960	2738647,5824
27	758	10493,0789	190845,3749	2929492,9573
26	766	11027,9767	201873,3516	3131366,3089
25	774	11588,8775	213462,2291	3344828,5380
24	782	12177,0055	225639,2346	3570467,7726
23	790	12793,6416	238432,8762	3808900,6488
22	798	13440,1254	251873,0016	4060773,6504
21	806	14117,8580	265990,8596	4326764,5100
20	814	14828,3051	280819,1647	4607583,6747
19	821	15554,0541	296373,2188	4903956,8935
18	828	16314,1377	312687,3565	5216644,2500
17	835	17110,1415	329797,4980	5546441,7480
16	842	17943,7230	347741,2210	5894182,9690
15	848	18794,4516	366535,6726	6260718,6416
14	854	19684,5284	386220,2010	6646938,8426
13	860	20615,7403	406835,9413	7053774,7839
12	866	21589,9539	428425,8952	7482200,6791
11	872	22609,1194	451035,0146	7933235,6937
10	880	23729,2042	474764,2188	8407999,9125
9	890	24958,8084	499723,0272	8907722,9397
8	902	26307,1449	526030,1721	9433753,1118
7	915	27753,7462	553783,9183	9987537,0301
6	930	29337,0747	583120,9930	10570658,0231
5	948	31101,0846	614222,0776	11184880,1007
4	970	33095,7533	647317,8309	11832197,9316
3	1000	35484,1067	682801,9376	12514999,8692
2	1040	38379,6099	721181,5475	13236181,4167
1	1092	41910,5339	763092,0814	13999273,4981
0	1359	54244,2053	817336,2867	14816609,7848

DÉPARCIEUX.

IV. Table auxiliaire calculée à 4 1/2 p. % par an.

Age. a	SURVIVANTS N_a	Z_a	S_a	Σ_a
94	1	1,0000	1,0000	1,0000
93	2	2,0900	3,0900	4,0900
92	4	4,3681	7,4581	11,5481
91	7	7,9882	15,4463	26,9944
90	11	13,1177	28,5640	55,5584
89	16	19,9389	48,5029	104,0613
88	22	28,6497	77,1526	181,2139
87	29	39,4650	116,6176	297,8315
86	38	54,0398	170,6574	468,4889
85	48	71,3326	241,9900	710,4789
84	59	91,6252	333,6152	1044,0941
83	71	115,2226	448,8378	1492,9319
82	85	144,1499	592,9877	2085,9196
81	101	178,9918	771,9795	2857,8991
80	118	218,5295	990,5090	3848,4081
79	136	263,1984	1253,7074	5102,1155
78	154	311,4450	1565,1524	6667,2679
77	173	365,6141	1930,7665	8598,0344
76	192	424,0279	2354,7944	10952,8288
75	211	486,9585	2841,7529	13794,5817
74	231	557,1059	3398,8588	17193,4405
73	251	632,5805	4031,4393	21224,8798
72	271	713,7197	4745,1590	25970,0388
71	291	800,8804	5546,0394	31516,0782
70	310	891,5643	6437,6037	37953,6819
69	329	988,7879	7426,3916	45380,0735
68	347	1089,8156	8516,2072	53896,2807
67	364	1194,6515	9710,8587	63607,1394
66	380	1303,2860	11014,1447	74621,2841
65	395	1415,6944	12429,8391	87051,1232
64	409	1531,8351	13961,6742	101012,7974
63	423	1655,5617	15617,2359	116630,0333
62	437	1787,3217	17404,5576	134034,5909
61	450	1923,3136	19327,8712	153362,4621
60	463	2067,9254	21395,7966	174758,2587
59	476	2221,6576	23617,4542	198375,7129
58	489	2385,0381	26002,4923	224378,2052
57	502	2558,6240	28561,1163	252939,3215
56	514	2737,6767	31298,7930	284238,1145
55	526	2927,6629	34226,4559	318464,5704
54	538	3129,2041	37355,6600	355820,2304
53	549	3336,8774	40692,5374	396512,7678
52	560	3556,9047	44249,4421	440762,2099
51	571	3789,9772	48039,4193	488801,6292
50	581	4029,8874	52069,3067	540870,9359
49	590	4276,4666	56345,7733	597216,7092
48	599	4537,0773	60882,8506	658099,5598
47	607	4804,5680	65687,4186	723786,9784
46	615	5086,9452	70774,3638	794561,3422
45	622	5376,3634	76150,7272	870712,0694
44	629	5681,5282	81832,2554	952544,3248
43	636	6003,2707	87835,5261	1040379,8509
42	643	6342,4650	94177,9911	1134557,8420
41	650	6700,0300	100878,0211	1235435,8631
40	657	7076,9325	107954,9536	1343390,8167
39	664	7474,1886	115429,1422	1458819,9589
38	671	7892,8670	123322,0092	1582141,9681
37	678	8334,0912	131656,1004	1713798,0685
36	686	8811,8879	140467,9883	1854266,0568
35	694	9315,8097	149783,7980	2004049,8548
34	702	9847,2404	159631,0384	2163680,8932
33	710	10407,6353	170038,6737	2333719,5669
32	718	10998,5251	181037,1988	2514756,7657
31	726	11621,5196	192658,7184	2707415,4841
30	734	12278,3115	204937,0299	2912352,5140
29	742	12970,6812	217907,7111	3130260,2251
28	750	13700,5005	231608,2116	3361868,4367
27	758	14469,7379	246077,9495	3607946,3862
26	766	15280,4632	261358,4127	3869304,7989
25	774	16134,8526	277493,2653	4146798,0642
24	782	17035,1940	294528,4593	4441326,5235
23	790	17983,8931	312512,3524	4753838,8759
22	798	18983,4789	331495,8313	5085334,7072
21	806	20036,6100	351532,4413	5436867,1485
20	814	21146,0813	372678,5226	5809545,6711
19	821	22287,6840	394966,2066	6204511,8777
18	828	23489,2100	418455,4166	6622967,2943
17	835	24753,7408	443209,1574	7066176,4517
16	842	26084,5138	469293,6712	7535470,1229
15	848	27452,5567	496746,2279	8032216,3508
14	854	28890,9024	525637,1303	8557853,4811
13	860	30403,1077	556040,2380	9113893,7191
12	866	31992,9074	588033,1454	9701926,8645
11	872	33664,2228	621697,3682	10323624,2327
10	880	35501,8569	657199,2251	10980823,4578
9	890	37521,0251	694720,2502	11675543,7080
8	902	39738,1382	734458,3884	12310002,0964
7	915	42124,8496	776583,2380	13086585,3344
6	930	44742,1148	821325,3528	13907910,6872
5	948	47660,4553	868985,8081	14776896,4953
4	970	50960,9921	919946,8002	15696843,2955
3	1000	54901,2750	974848,0752	16771691,3707
2	1040	59666,7057	1034514,7809	17806206,1516
1	1092	65469,2928	1099984,0737	18906190,2253
0	1359	85143,3549	1185127,4282	20091317,6535

DÉPARCIEUX.

V. Table auxiliaire calculée à 5 p. % par an.

Age. a	SURVIVANTS N_a	Z_a	S_a	Σ_a
94	1	1,0000	1,0000	1,0000
93	2	2,1000	3,1000	4,1000
92	4	4,4100	7,5100	11,6100
91	7	8,1034	15,6134	27,2234
90	11	13,3706	28,9840	56,2074
89	16	20,4205	49,4045	105,6119
88	22	29,4821	78,8866	184,4985
87	29	40,8059	119,6925	304,1910
86	38	56,1433	175,8358	480,0268
85	48	74,4638	250,2996	730,3264
84	59	96,1048	346,4044	1076,7308
83	71	121,4341	467,8385	1544,5693
82	85	152,6478	620,4863	2165,0556
81	101	190,4506	810,9369	2975,9925
80	118	233,6319	1044,5688	4020,5613
79	136	282,7342	1327,3030	5347,8643
78	154	336,1627	1663,4657	7011,3300
77	173	396,5192	2059,9849	9071,3149
76	192	462,0709	2522,0558	11593,3707
75	211	533,1865	3055,2423	14648,6130
74	231	612,9118	3668,1541	18316,7671
73	251	699,2766	4367,4307	22684,1978
72	271	792,7457	5160,1764	27844,3742
71	291	893,8134	6053,9898	33898,3640
70	310	999,7810	7053,7708	40952,1348
69	329	1114,1108	8167,8816	49120,0164
68	347	1233,8184	9401,7000	58521,7164
67	364	1358,9781	10760,6781	69282,3945
66	380	1489,6491	12250,3272	81532,7217
65	395	1625,8736	13876,2008	95408,9225
64	409	1767,6744	15643,8752	111052,7977
63	423	1919,5907	17563,4659	128616,2636
62	437	2082,2794	19645,7453	148262,0089
61	450	2251,4348	21897,1801	170159,1890
60	463	2432,3001	24329,4802	194488,6692
59	476	2625,6233	26955,1035	221443,7727
58	489	2832,1981	29787,3016	251231,0743
57	502	3052,8663	32840,1679	284071,2422
56	514	3282,1353	36122,3032	320193,5454
55	526	3526,6991	39649,0023	359842,5477
54	538	3787,5139	43436,5162	403279,0639
53	549	4058,2015	47494,7177	450773,7816
52	560	4346,4890	51841,2067	502614,9883
51	571	4653,4598	56494,6665	559109,6548
50	581	4971,7043	61466,3708	620576,0256
49	590	5301,1546	66767,5254	687343,5510
48	599	5651,1206	72418,6460	759762,1970
47	607	6012,9245	78431,5705	838193,7675
46	615	6396,7808	84828,3513	923022,1188
45	622	6793,0692	91621,4205	1014643,5393
44	629	7212,9945	98834,4150	1113477,9543
43	636	7657,9296	106492,3446	1219970,2989
42	643	8129,3257	114621,6703	1334591,9692
41	650	8628,7166	123250,3869	1457842,3561
40	657	9157,7233	132408,1102	1590250,4663
39	664	9718,0589	142126,1691	1732376,6354
38	671	10311,5338	152437,7029	1884814,3383
37	678	10940,0609	163377,7638	2048192,1021
36	686	11622,6046	175000,3684	2223192,4705
35	694	12346,0524	187346,4208	2410538,8913
34	702	13112,7885	200459,2093	2610998,1006
33	710	13925,3331	214384,5424	2825382,6430
32	718	14786,3502	229170,8926	3054553,5356
31	726	15698,6556	244869,5482	3299423,0838
30	734	16665,2257	261534,7739	3560957,8577
29	742	17689,2062	279223,9801	3840181,8378
28	750	18773,9217	297997,9018	4138179,7396
27	758	19922,8857	317920,7875	4456100,5271
26	766	21139,8113	339060,5988	4795161,1259
25	774	22428,6223	361489,2211	5156650,3470
24	782	23793,4648	385282,6859	5541933,0329
23	790	25238,7200	410521,4059	5952454,4388
22	798	26769,0171	437290,4230	6389744,8618
21	806	28389,2470	465679,6700	6855424,5318
20	814	30104,5775	495784,2475	7351208,7793
19	821	31881,6351	527665,8826	7878874,6619
18	828	33761,1371	561427,0197	8440301,6816
17	835	35748,8853	597175,9050	9037477,5866
16	842	37851,0053	635026,9103	9672504,4969
15	848	40026,7638	675053,6741	10347558,1710
14	854	42325,4707	717379,1448	11064937,3158
13	860	44753,9813	762133,1261	11827070,4419
12	866	47319,5293	809452,6554	12636523,0973
11	872	50029,7471	859482,4025	13496005,4998
10	880	53013,1724	912495,5749	14408501,0747
9	890	56296,3746	968791,9495	15377293,0242
8	902	59908,1981	1028700,1476	16405993,1718
7	915	63810,2011	1092510,3487	17498503,5205
6	930	68099,0834	1160609,4321	18659112,9526
5	948	72887,9867	1233497,4188	19892610,3714
4	970	78308,4541	1311805,8729	21204416,2443
3	1000	84766,8833	1396572,7562	22600989,0005
2	1040	92565,4366	1489138,1928	24090127,1933
1	1092	102053,3938	1591191,5866	25681318,7799
0	1359	133356,3098	1724547,8964	27405866,6763

DÉPARCIEUX.

VI. Somme de rente viagère payable par année, produite par un placement de 100 fr., l'argent étant placé au taux indiqué en tête du Tableau et l'âge pris dans la première colonne verticale $P. \frac{Z_a}{S_a + 1}$

	3 %	3 ½ %	4 %	4 ½ %	5 %		3 %	3 ½ %	4 %	4 ½ %	5 %
0	5,87946	6,48729	7,10847	7,74042	8,38091	49	7,02027	7,41049	7,80823	8,21303	8,62448
1	4,80723	5,30358	5,81137	6,32850	6,85318	50	7,19473	7,58551	7,98364	8,38871	8,80031
2	4,65173	5,13061	5,62090	6,12062	6,62804	51	7,37096	7,76193	8,16008	8,56503	8,97637
3	4,53968	5,00501	5,48171	5,96787	6,46185	52	7,54817	7,93888	8,33659	8,74093	9,15152
4	4,46617	4,92154	5,38824	5,86442	6,34849	53	7,74047	8,13119	8,52873	8,93272	9,34283
5	4,42528	4,87376	5,33355	5,80287	6,28015	54	7,94992	8,34097	8,73865	9,14265	9,55261
6	4,40027	4,84328	5,29757	5,76140	6,23328	55	8,16214	8,55306	8,95043	9,35392	9,76322
7	4,38762	4,82622	5,27607	5,73550	6,20299	56	8,39359	8,78469	9,18204	9,58533	9,99429
8	4,38338	4,81825	5,26435	5,72002	6,18380	57	8,64708	9,03874	9,43645	9,83992	10,24888
9	4,38314	4,81453	5,25710	5,70923	6,16949	58	8,90614	9,29789	9,69547	10,09863	10,50709
10	4,39249	4,82120	5,26105	5,71047	6,16803	59	9,19042	9,58260	9,98043	10,38362	10,79194
11	4,41223	4,83919	5,27725	5,72489	6,18069	60	9,50389	9,89699	10,29550	10,69919	11,10782
12	4,44327	4,86948	5,30680	5,75370	6,20883	61	9,85148	10,24607	10,64587	11,05063	11,46017
13	4,47571	4,90121	5,33782	5,78405	6,23854	62	10,23929	10,63611	11,03793	11,44454	11,85574
14	4,50962	4,93446	5,37043	5,81603	6,26994	63	10,64710	11,04597	11,44964	11,85791	12,27056
15	4,54511	4,96936	5,40472	5,84976	6,30316	64	11,10478	11,50661	11,91303	12,32385	12,73890
16	4,58228	5,00600	5,44083	5,88537	6,33834	65	11,62246	12,02844	12,43882	12,85342	13,27209
17	4,61545	5,03815	5,47197	5,91550	6,36750	66	12,17735	12,58769	13,00228	13,42091	13,84346
18	4,65008	5,07179	5,50459	5,94715	6,39820	67	12,77119	13,18611	13,60509	14,02797	14,45461
19	4,68626	5,10699	5,53881	5,98041	6,43055	68	13,40457	13,82417	14,24767	14,67490	15,10574
20	4,72407	5,14387	5,57474	6,01540	6,46465	69	14,07589	14,50010	14,92805	15,35957	15,79454
21	4,75746	5,17579	5,60515	6,04430	6,49208	70	14,77985	15,20828	15,64028	16,07570	16,51443
22	4,79219	5,20903	5,63686	6,07437	6,52074	71	15,56671	16,00039	16,43747	16,87784	17,32137
23	4,82837	5,24368	5,66994	6,10600	6,55070	72	16,38002	16,81808	17,25940	17,70383	18,15130
24	4,86607	5,27984	5,70453	6,13896	6,58207	73	17,27355	17,71651	18,16254	18,61156	19,06345
25	4,90538	5,31760	5,74067	6,17346	6,61493	74	18,25105	18,69923	19,15036	19,60431	20,06100
26	4,94642	5,35707	5,77849	6,20960	6,64940	75	19,31083	19,76431	20,22054	20,67945	21,14095
27	4,98930	5,39835	5,81810	6,24751	6,68558	76	20,56929	21,03080	21,49495	21,96164	22,43078
28	5,03413	5,44157	5,85963	6,28730	6,72361	77	21,94225	22,41223	22,88473	23,35965	23,83688
29	5,08106	5,48688	5,90322	6,32911	6,76362	78	23,40117	23,87906	24,35935	24,84194	25,32677
30	5,13023	5,53440	5,94901	6,37309	6,80576	79	25,10016	25,58852	26,07916	26,57204	27,06707
31	5,18180	5,58433	5,99717	6,41941	6,85020	80	26,81304	27,30908	27,80733	28,30768	28,81012
32	5,23594	5,63681	6,04787	6,46825	6,89712	81	28,66982	29,17273	29,67773	30,18474	30,69376
33	5,29286	5,69206	6,10132	6,51981	6,94672	82	30,59146	31,09779	31,60609	32,11626	32,62830
34	5,35277	5,75028	6,15773	6,57431	6,99922	83	32,99394	33,50670	34,02126	34,53775	35,05559
35	5,41588	5,81173	6,21735	6,63198	7,05488	84	36,27495	36,80269	37,33216	37,86322	38,39589
36	5,48248	5,87665	6,28044	6,69311	7,11395	85	40,15859	40,70375	41,25047	41,79869	42,34845
37	5,55284	5,94534	6,34729	6,75800	7,17674	86	44,64675	45,20973	45,77386	46,33933	46,90628
38	5,63616	6,02765	6,42844	6,83785	7,25520	87	49,43304	50,00467	50,57773	51,15187	51,72729
39	5,72492	6,11550	6,51523	6,92343	7,33947	88	57,25408	57,85759	58,46245	59,06802	59,67494
40	5,81963	6,20944	6,60822	7,01534	7,43018	89	67,86002	68,50712	69,15550	69,80431	70,45440
41	5,92090	6,31008	6,70805	7,11422	7,52800	90	82,79843	83,50678	84,21532	84,92453	85,63522
42	6,02941	6,41811	6,81545	7,22084	7,63372	91	104,73054	105,52183	106,31411	107,10770	107,90113
43	6,14592	6,53436	6,93126	7,33607	7,74824	92	138,67973	139,57329	140,46753	141,36246	142,25806
44	6,27133	6,65973	7,05643	7,46090	7,87261	93	206,00000	207,00000	208,00000	209,00000	210,00000
45	6,40665	6,79529	7,19207	7,59649	8,00801	94	Infini.	Infini.	Infini.	Infini.	Infini.
46	6,55306	6,94227	7,33947	7,74417	8,15587						
47	6,70016	7,08961	7,48687	7,89150	8,30300						
48	6,85962	7,24963	7,64731	8,05220	8,46388						

DÉPARCIEUX.

VII. Table auxiliaire calculée à 1 ½ % par semestre (3 % par an).

Age. a	SURVIVANTS N_a	Z_a	S_a	Σ_a	Age. a	SURVIVANTS N_a	Z_a	S_a	Σ_a
94 ½	0,5	0,5000	0,5000	0,5000	70 ½	300,5	614,0652	9006,7008	103521,4438
94	1	1,0150	1,5150	2,0150	70	310	642,9804	9649,6812	113171,1250
93 ½	1,5	1,5453	3,0603	5,0753	69 ½	319,5	672,6249	10322,3061	123493,4311
93	2	2,0914	5,1517	10,2270	69	329	703,0141	11025,3202	134518,7513
92 ½	3	3,1841	8,3358	18,5628	68 ½	338	733,0792	11758,3994	146277,1507
92	4	4,3091	12,6449	31,2077	68	347	763,8880	12522,2874	158799,4381
91 ½	5,5	6,0139	18,6588	49,8665	67 ½	355,5	794,3390	13316,6264	172116,0645
91	7	7,7689	26,4277	76,2942	67	364	825,5316	14142,1580	186258,2225
90 ½	9	10,1384	36,5661	112,8603	66 ½	372	856,3303	14998,4883	201256,7108
90	11	12,5773	49,1434	162,0037	66	380	887,8672	15886,3555	217143,0663
89 ½	13,5	15,6673	64,8107	226,8144	65 ½	387,5	918,9717	16805,3272	233948,3935
89	16	18,8472	83,6579	310,4723	65	395	950,8097	17756,1369	251704,5304
88 ½	19	22,7167	106,3746	416,8469	64 ½	402	982,1744	18738,3113	270442,8417
88	22	26,6982	133,0728	549,9197	64	409	1014,2660	19752,5773	290195,4190
87 ½	25,5	31,4098	164,4826	714,4023	63 ½	416	1047,0995	20799,6768	310995,0958
87	29	36,2567	200,7393	915,1416	63	423	1080,6897	21880,3665	332875,4623
86 ½	33,5	42,5110	243,2503	1158,3919	62 ½	430	1115,0521	22995,4186	355870,8809
86	38	48,9448	292,1951	1450,5870	62	437	1150,2022	24145,6208	380016,5017
85 ½	43	56,2156	348,4107	1798,9977	61 ½	443,5	1184,8201	25330,4409	405346,9426
85	48	63,6936	412,1043	2211,1020	61	450	1220,2178	26550,6587	431897,6013
84 ½	53,5	72,0567	484,1610	2695,2630	60 ½	456,5	1256,4108	27807,0695	459704,6708
84	59	80,6564	564,8174	3260,0804	60	463	1293,4150	29100,4845	488805,1553
83 ½	65	90,1916	655,0090	3915,0894	59 ½	469,5	1331,2467	30431,7312	519236,8865
83	71	99,9948	755,0038	4670,0932	59	476	1369,9224	31801,6536	551038,5401
82 ½	78	111,5012	866,5050	5536,5982	58 ½	482,5	1409,4587	33211,1123	584249,6524
82	85	123,3304	989,8354	6526,4336	58	489	1449,8729	34660,9852	618910,6376
81 ½	93	136,9620	1126,7974	7653,2310	57 ½	495,5	1491,1825	36152,1677	655062,8053
81	101	150,9748	1277,7722	8931,0032	57	502	1533,4050	37685,5727	692748,3780
80 ½	109,5	166,1358	1443,9080	10374,9112	56 ½	508	1575,0086	39260,5813	732008,9593
80	118	181,7177	1625,6257	12000,5369	56	514	1617,5152	40878,0965	772887,0558
79 ½	127	198,5112	1824,1369	13824,6738	55 ½	520	1660,9427	42539,0392	815426,0950
79	136	215,7676	2039,9045	15864,5783	55	526	1705,3090	44244,3482	859670,4432
78 ½	145	233,4970	2273,4015	18137,9798	54 ½	532	1750,6326	45994,9808	905665,4240
78	154	251,7098	2525,1113	20663,0911	54	538	1796,9322	47791,9130	953457,3370
77 ½	163,5	271,2459	2796,3572	23459,4483	53 ½	543,5	1842,5319	49634,4449	1003091,7819
77	173	291,3115	3087,6687	26547,1170	53	549	1889,0952	51523,5401	1054615,3220
76 ½	182,5	311,9180	3399,5867	29946,7037	52 ½	554,5	1936,6409	53460,1810	1108075,5030
76	192	333,0771	3732,6638	33679,3675	52	560	1985,1879	55445,3689	1163520,8719
75 ½	201,5	354,8008	4087,4646	37766,8321	51 ½	565,5	2034,7556	57480,1245	1221000,9964
75	211	377,1014	4464,5660	42231,3981	51	571	2085,3636	59565,4881	1280566,4845
74 ½	221	400,8980	4865,4640	47096,8621	50 ½	576	2135,1786	61700,6667	1342267,1512
74	231	425,3238	5290,7878	52387,6499	50	581	2186,0188	63886,6855	1406153,8367
73 ½	241	450,3922	5741,1800	58128,8299	49 ½	585,5	2235,9944	66122,6799	1472276,5166
73	251	476,1168	6217,2968	64346,1267	49	590	2286,9773	68409,6572	1540686,1738
72 ½	261	502,5120	6719,8088	71065,9355	48 ½	594,5	2338,9866	70748,6438	1611434,8176
72	271	529,5917	7249,4005	78315,3360	48	599	2392,0417	73140,6855	1684575,5031
71 ½	281	557,3709	7806,7714	86122,1074	47 ½	603	2444,1355	75584,8210	1760160,3241
71	291	585,8642	8392,6356	94514,7430	47	607	2497,2539	78082,0749	1838242,3990

DÉPARCIEUX.

VII. Table auxiliaire calculée à 3 ½ % par semestre (3 % par an).

Age. a	SURVIVANTS N_a	Z_a	S_a	Σ_a	Age. a	SURVIVANTS N_a	Z_a	S_a	Σ_a
46 ½	611	2551,4159	80633,4908	1918875,8898	22 ½	794	6775,3321	290763,8578	10129483,5202
46	615	2606,6409	83240,1317	2002116,0215	22	798	6911,6067	297675,4645	10427158,9847
45 ½	618,5	2660,7976	85900,9293	2088016,9508	21 ½	802	7050,4451	304725,9096	10731884,8943
45	622	2715,9925	88616,9218	2176633,8726	21	806	7191,8936	311917,8032	11043802,6975
44 ½	625,5	2772,2446	91389,1664	2268023,0390	20 ½	810	7335,9991	319253,8023	11363056,4998
44	629	2829,5731	94218,7395	2362241,7785	20	814	7482,8097	326736,6120	11689793,1118
43 ½	632,5	2887,9977	97106,7372	2459348,5157	19 ½	817,5	7627,7087	334364,3207	12024157,4325
43	636	2947,5384	100054,2756	2559402,7913	19	821	7775,2710	342139,5917	12366297,0242
42 ½	639,5	3008,2155	103062,4911	2662465,2824	18 ½	824,5	7925,5440	350065,1357	12716362,1599
42	643	3070,0497	106132,5408	2768597,8232	18	828	8078,5757	358143,7114	13074505,8713
41 ½	646,5	3133,0621	109265,6029	2877863,4261	17 ½	831,5	8234,4152	366378,1266	13440883,9979
41	650	3197,2741	112462,8770	2990326,3031	17	835	8393,1121	374771,2387	13815655,2366
40 ½	653,5	3262,7076	115725,5846	3106051,8877	16 ½	838,5	8554,7172	383325,9559	14198981,1925
40	657	3329,3847	119054,9693	3225106,8570	16	842	8719,2820	392045,2379	14591026,4304
39 ½	660,5	3397,3279	122452,2972	3347559,1542	15 ½	845	8881,6036	400926,8415	14991953,2719
39	664	3466,5604	125918,8576	3473478,0118	15	848	9046,8329	409973,6744	15401926,9463
38 ½	667,5	3537,1054	129455,9630	3602933,9748	14 ½	851	9215,0208	419188,6952	15821115,6415
38	671	3608,9868	133064,9498	3735998,9246	14	854	9386,2188	428574,9140	16249690,5555
37 ½	674,5	3682,2288	136747,1786	3872746,1032	13 ½	857	9560,4793	438135,3933	16687825,9488
37	678	3756,8560	140504,0346	4013250,1378	13	860	9737,8558	447873,2491	17135699,1979
36 ½	682	3835,7057	144339,7403	4157589,8781	12 ½	863	9918,4024	457791,6515	17593490,8494
36	686	3916,0755	148255,8158	4305845,6939	12	866	10102,1744	467893,8259	18061384,6753
35 ½	690	3997,9934	152253,8092	4458099,5031	11 ½	869	10289,2280	478183,0539	18539567,7292
35	694	4081,4878	156335,2970	4614434,8001	11	872	10479,6201	488662,6740	19028230,4032
34 ½	698	4166,5874	160501,8844	4774936,6845	10 ½	876	10685,6071	499348,2811	19527578,6843
34	702	4253,3216	164755,2060	4939691,8905	10	880	10895,4159	510243,6970	20037822,3813
33 ½	706	4341,7204	169096,9264	5108788,8169	9 ½	885	11121,6815	521365,3785	20559187,7598
33	710	4431,8142	173528,7406	5282317,5575	9	890	11352,2836	532717,6621	21091905,4219
32 ½	714	4523,6339	178052,3745	5460369,9320	8 ½	896	11600,2481	544317,9102	21636223,3321
32	718	4617,2110	182669,5855	5643039,5175	8	902	11853,0972	556171,0074	22192394,3395
31 ½	722	4712,5777	187382,1632	5830421,6807	7 ½	908,5	12117,5908	568288,5982	22760682,9377
31	726	4809,7664	192191,9296	6022613,6103	7	915	12387,3523	580675,9505	23341358,8882
30 ½	730	4908,8105	197100,7401	6219714,3504	6 ½	922,5	12676,2213	593352,1718	23934711,0600
30	734	5009,7437	202110,4838	6421824,8342	6	930	12970,9691	606323,1409	24541034,2009
29 ½	738	5112,6005	207223,0843	6629047,9185	5 ½	939	13292,9421	619616,0830	25160650,2839
29	742	5217,4157	212440,5000	6841488,4185	5	948	13621,6557	633237,7387	25793888,0226
28 ½	746	5324,2250	217764,7250	7059253,1435	4 ½	959	13986,4086	647224,1473	26441112,1699
28	750	5433,0648	223197,7898	7282450,9333	4	970	14359,0392	661583,1865	27102695,3564
27 ½	754	5543,9717	228741,7615	7511192,6948	3 ½	985	14799,8025	676382,9890	27779078,3454
27	758	5656,9835	234398,7450	7745591,4398	3	1000	15250,5579	691633,5469	28470711,8923
26 ½	762	5772,1382	240170,8832	7985762,3230	2 ½	1020	15788,9026	707422,4495	29178134,3418
26	766	5889,4747	246060,3579	8231822,6809	2	1040	16339,9662	723762,4157	29901896,7575
25 ½	770	6009,0325	252069,3904	8483892,0713	1 ½	1066	16999,6924	740762,1081	30642658,8656
25	774	6130,8520	258200,2424	8742092,3137	1	1092	17675,5338	758437,6419	31401096,5075
24 ½	778	6254,9740	264455,2164	9006547,5301	0 ½	1225,5	20133,9626	778571,6045	32179668,1120
24	782	6381,4403	270836,6567	9277384,1868	0	1359	22662,1673	801233,7718	32980901,8838
23 ½	786	6510,2932	277346,9499	9554731,1367					
23	790	6641,5758	283988,5257	9838719,6624					

DÉPARCIEUX.

VIII. Table auxiliaire calculée à 1 ³/₄ % par semestre (3 ¹/₂ % par an).

Age. a	SURVIVANTS N_a	Z_a	S_a	Σ_a	Age. a	SURVIVANTS N_a	Z_a	S_a	Σ_a
94 ¹/₂	0,5	0,5000	0,5000	0,5000	70 ¹/₂	300,5	691,0294	9879,5437	111702,7547
94	1	1,0175	1,5175	2,0175	70	310	725,3509	10604,8946	122307,6493
93 ¹/₂	1,5	1,5530	3,0705	5,0880	69 ¹/₂	319,5	760,6621	11365,5567	133673,2060
93	2	2,1068	5,1773	10,2653	69	329	796,9870	12162,5437	145835,7497
92 ¹/₂	3	3,2156	8,3929	18,6582	68 ¹/₂	338	833,1178	12995,6615	158831,4112
92	4	4,3625	12,7554	31,4136	68	347	870,2692	13865,9307	172697,3419
91 ¹/₂	5,5	6,1034	18,8588	50,2724	67 ¹/₂	355,5	907,1898	14773,1205	187470,4624
91	7	7,9039	26,7627	77,0351	67	364	945,1361	15718,2566	203188,7190
90 ¹/₂	9	10,3399	37,1026	114,1377	66 ¹/₂	372	982,8118	16701,0684	219889,7874
90	11	12,8589	49,9615	164,0992	66	380	1021,5166	17722,5850	237612,3724
89 ¹/₂	13,5	16,0575	66,0190	230,1182	65 ¹/₂	387,5	1059,9074	18782,4924	256394,8648
89	16	19,3642	85,3832	315,5014	65	395	1099,3292	19881,8216	276276,6864
88 ¹/₂	19	23,3973	108,7805	424,2819	64 ¹/₂	402	1138,3901	21020,2117	297296,8981
88	22	27,5658	136,3463	560,6282	64	409	1178,4816	22198,6933	319495,5914
87 ¹/₂	25,5	32,5104	168,8567	729,4849	63 ¹/₂	416	1219,6276	23418,3209	342913,9123
87	29	37,6196	206,4763	935,9612	63	423	1261,8528	24680,1737	367594,0860
86 ¹/₂	33,5	44,2176	250,6939	1186,6551	62 ¹/₂	430	1305,1824	25985,3561	393579,4421
86	38	51,0351	301,7290	1488,3841	62	437	1349,6420	27334,9981	420914,4402
85 ¹/₂	43	58,7608	360,4898	1848,8739	61 ¹/₂	443,5	1393,6869	28728,6850	449643,1252
85	48	66,7414	427,2312	2276,1051	61	450	1438,8599	30167,5449	479810,6701
84 ¹/₂	53,5	75,6906	502,9218	2779,0269	60 ¹/₂	456,5	1485,1872	31652,7321	511463,4022
84	59	84,9327	587,8545	3366,8814	60	463	1532,6953	33185,4274	544648,8296
83 ¹/₂	65	95,2074	683,0619	4049,9433	59 ¹/₂	469,5	1581,4113	34766,8387	579415,6683
83	71	105,8157	788,8776	4838,8209	59	476	1631,3631	36398,2018	615813,8701
82 ¹/₂	78	118,2825	907,1601	5745,9810	58 ¹/₂	482,5	1682,5788	38080,7806	653894,6507
82	85	131,1533	1038,3134	6784,2944	58	489	1735,0874	39815,8680	693710,5187
81 ¹/₂	93	146,0084	1184,3218	7968,6162	57 ¹/₂	495,5	1788,9186	41604,7866	735315,3053
81	101	161,3432	1345,6650	9314,2812	57	502	1844,1025	43448,8891	778764,1944
80 ¹/₂	109,5	177,9827	1523,6477	10837,9289	56 ¹/₂	508	1898,8011	45347,6902	824111,8846
80	118	195,1552	1718,8029	12556,7318	56	514	1954,8494	47302,5396	871414,4242
79 ¹/₂	127	213,7156	1932,5185	14489,2503	55 ¹/₂	520	2012,2778	49314,8174	920729,2416
79	136	232,8659	2165,3844	16654,6347	55	526	2071,1176	51385,9350	972115,1766
78 ¹/₂	145	252,6210	2418,0054	19072,6401	54 ¹/₂	532	2131,4005	53517,3355	1025632,5121
78	154	272,9961	2691,0015	21763,6416	54	538	2193,1590	55710,4945	1081343,0066
77 ¹/₂	163,5	294,9090	2985,9105	24749,5521	53 ¹/₂	543,5	2254,3525	57964,8470	1139307,8536
77	173	317,5051	3303,4156	28052,9677	53	549	2317,0160	60281,8630	1199589,7166
76 ¹/₂	182,5	340,8018	3644,2174	31697,1851	52 ¹/₂	554,5	2381,1823	62663,0453	1262252,7619
76	192	364,8167	4009,0341	35706,2192	52	560	2446,8849	65109,9302	1327362,6921
75 ¹/₂	201,5	389,5677	4398,6018	40104,8210	51 ¹/₂	565,5	2514,1579	67624,0881	1394986,7802
75	211	415,0733	4813,6751	44918,4961	51	571	2583,0360	70207,1241	1465193,9043
74 ¹/₂	221	442,3530	5256,0281	50174,5242	50 ¹/₂	576	2651,2535	72858,3776	1538052,2819
74	231	470,4604	5726,4885	55901,0127	50	581	2721,0676	75579,4452	1613631,7271
73 ¹/₂	241	499,4162	6225,9047	62126,9174	49 ¹/₂	585,5	2790,1305	78369,5757	1692001,3028
73	251	529,2413	6755,1460	68882,0634	49	590	2860,7772	81230,3529	1773231,6557
72 ¹/₂	261	559,9573	7315,1033	76197,1667	48 ¹/₂	594,5	2933,0422	84163,3951	1857395,0508
72	271	591,5863	7906,6896	84103,8563	48	599	3006,9602	87170,3553	1944565,4061
71 ¹/₂	281	624,1508	8530,8404	92634,6967	47 ¹/₂	603	3080,0133	90250,3686	2034815,7747
71	291	657,6739	9188,5143	101823,2110	47	607	3154,7024	93405,0710	2128220,8457

DÉPARCIEUX.

VIII. Table auxiliaire calculée à 1 ¾ % par semestre (3 ½ % par an).

Age. a	SURVIVANTS N_a	Z_a	S_a	Σ_a	Age. a	SURVIVANTS N_a	Z_a	S_a	Σ_a
46 ½	611	3231,0623	96636,1333	2224856,9790	22 ½	794	9655,5425	382116,1866	12632149,8111
46	615	3309,1286	99945,2619	2324802,2409	22	798	9874,0083	391990,1949	13024140,0060
45 ½	618,5	3386,2004	103331,4623	2428133,7032	21 ½	802	10097,1633	402087,3582	13426227,3642
45	622	3464,9563	106796,4186	2534930,1218	21	806	10325,1049	412412,4631	13838639,8273
44 ½	625,5	3545,4315	110341,8501	2645271,9719	20 ½	810	10557,9322	422970,3953	14261610,2226
44	629	3627,6623	113969,5124	2759241,4843	20	814	10795,7463	433766,1416	14695376,3642
43 ½	632,5	3711,6854	117681,1978	2876922,6821	19 ½	817,5	11031,9033	444798,0449	15140174,4091
43	636	3797,5383	121478,7361	2998401,4182	19	821	11273,0195	456071,0644	15596245,4735
42 ½	639,5	3885,2593	125363,9954	3123765,4136	18 ½	824,5	11519,1963	467590,2607	16063835,7342
42	643	3974,8876	129338,8830	3253104,2966	18	828	11770,5370	479360,7977	16543196,5319
41 ½	646,5	4066,4630	133405,3460	3386509,6426	17 ½	831,5	12027,1468	491387,9445	17034584,4764
41	650	4160,0263	137565,3723	3524075,0149	17	835	12289,1332	503677,0777	17538261,5541
40 ½	653,5	4255,6188	141820,9911	3665896,0060	16 ½	838,5	12556,6057	516233,6834	18054495,2375
40	657	4353,2832	146174,2743	3812070,2803	16	842	12829,6764	529063,3598	18583558,5973
39 ½	660,5	4453,0625	150627,3368	3962697,6171	15 ½	845	13100,7071	542164,0669	19125722,6642
39	664	4555,0009	155182,3377	4117879,9558	15	848	13377,2948	555541,3617	19681264,0259
38 ½	667,5	4659,1434	159841,4811	4277721,4359	14 ½	851	13659,5510	569200,9127	20250464,9386
38	671	4765,5359	164607,0170	4442328,4529	14	854	13947,5893	583148,5020	20833613,4406
37 ½	674,5	4874,2252	169481,2422	4611809,6951	13 ½	857	14241,5258	597390,0278	21431003,4684
37	678	4985,2593	174466,5015	4786276,1966	13	860	14541,4786	611931,5064	22042934,9748
36 ½	682	5102,4276	179568,9291	4965845,1257	12 ½	863	14847,5683	626779,0747	22669714,0495
36	686	5222,1700	184791,0991	5150636,2248	12	866	15159,9178	641938,9925	23311653,0420
35 ½	690	5344,5409	190135,6400	5340771,8648	11 ½	869	15478,6524	657417,6449	23969070,6869
35	694	5469,5954	195605,2354	5536377,1002	11	872	15803,9000	673221,5449	24642292,2318
34 ½	698	5597,3901	201202,6255	5737579,7257	10 ½	876	16154,2319	689375,7768	25331668,0086
34	702	5727,9824	206930,6079	5944510,3336	10	880	16511,9854	705887,7622	26037555,7708
33 ½	706	5861,4314	212792,0393	6157302,3729	9 ½	885	16896,4051	722784,1673	26760339,9381
33	710	5997,7968	218789,8361	6376092,2090	9	890	17289,2226	740073,3899	27500413,3280
32 ½	714	6137,1400	224926,9761	6601019,1851	8 ½	896	17710,3804	757783,7703	28258197,0983
32	718	6279,5234	231206,4995	6832225,6846	8	902	18140,9837	775924,7540	29034121,8523
31 ½	722	6425,0106	237631,5101	7069857,1947	7 ½	908,5	18591,4664	794516,2204	29828638,0727
31	726	6573,6669	244205,1770	7314062,3717	7	915	19052,1603	813568,3807	30642206,4534
30 ½	730	6725,5585	250930,7355	7564993,1072	6 ½	922,5	19544,4712	833112,8519	31475319,3053
30	734	6880,7530	257811,4885	7822804,5957	6	930	20048,1783	853161,0302	32328480,3355
29 ½	738	7039,3197	264850,8082	8087655,4039	5 ½	939	20596,4313	873757,4615	33202237,7970
29	742	7201,3289	272052,1371	8359707,5410	5	948	21157,7334	894915,1949	34097152,9919
28 ½	746	7366,8528	279418,9899	8639126,5309	4 ½	959	21777,7911	916692,9860	35013845,9779
28	750	7535,9645	286954,9544	8926081,4853	4	970	22413,0713	939106,0573	35952952,0352
27 ½	754	7708,7391	294663,6935	9220745,1788	3 ½	985	23157,9594	962264,0167	36915216,0519
27	758	7885,2528	302548,9463	9523294,1251	3	1000	23922,0545	986186,0712	37901402,1231
26 ½	762	8065,5838	310614,5301	9833908,6552	2 ½	1020	24827,5043	1011013,5755	38912415,6986
26	766	8249,8114	318864,3415	10152772,9967	2	1040	25757,3187	1036770,8942	39949186,5928
25 ½	770	8438,0170	327302,3585	10480075,3552	1 ½	1066	26863,2734	1063634,1676	41012820,7604
25	774	8630,2832	335932,6417	10816007,9969	1	1092	28000,0485	1091634,2161	42104454,9765
24 ½	778	8826,6946	344759,3363	11160767,3332	0 ½	1225,5	31973,0363	1123607,2524	43228062,2289
24	782	9027,3375	353786,6738	11514554,0070	0	1359	36076,5035	1159683,7559	44387745,9848
23 ½	786	9232,2996	363018,9734	11877572,9804					
23	790	9441,6707	372460,6441	12250033,6245					

DÉPARCIEUX.

IX. Table auxiliaire calculée à 2 % par semestre (4 % par an).

Age. a	SURVIVANTS N_a	Z_a	S_a	Σ_a	Age. a	SURVIVANTS N_a	Z_a	S_a	Σ_a
94 ½	0,5	0,5000	0,5000	0,5000	70 ½	300,5	777,4147	10839,4363	120573,5909
94	1	1,0200	1,5200	2,0200	70	310	818,0317	11657,4680	132231,0589
93 ½	1,5	1,5606	3,0806	5,1006	69 ½	319,5	859,9624	12517,4304	144748,4893
93	2	2,1224	5,2030	10,3036	69	329	903,2431	13420,6735	158169,1628
92 ½	3	3,2473	8,4503	18,7539	68 ½	338	946,5109	14367,1844	172536,3472
92	4	4,4163	12,8666	31,6205	68	347	991,1482	15358,3326	187894,6798
91 ½	5,5	6,1939	19,0605	50,6810	67 ½	355,5	1035,7355	16394,0681	204288,7479
91	7	8,0408	27,1013	77,7823	67	364	1081,7100	17475,7781	221764,5260
90 ½	9	10,5449	37,6462	115,4285	66 ½	372	1127,5935	18603,3716	240367,8976
90	11	13,1460	50,7922	166,2207	66	380	1174,8797	19778,2513	260146,1489
89 ½	13,5	16,4564	67,2486	233,4693	65 ½	387,5	1222,0294	21000,2807	281146,4296
89	16	19,8940	87,1426	320,6119	65	395	1270,5953	22270,8760	303417,3056
88 ½	19	24,0966	111,2392	431,8511	64 ½	402	1318,9744	23589,8504	327007,1560
88	22	28,4593	139,6985	571,5496	64	409	1368,7804	24958,6308	351965,7868
87 ½	25,5	33,6467	173,3452	744,8948	63 ½	416	1420,0511	26378,6819	378344,4687
87	29	39,0302	212,3754	957,2702	63	423	1472,8251	27851,5070	406195,9757
86 ½	33,5	45,9883	258,3637	1215,6339	62 ½	430	1527,1421	29378,6491	435574,6248
86	38	53,2092	311,5729	1527,2068	62	437	1583,0426	30961,6917	466536,3165
85 ½	43	61,4146	372,9875	1900,1943	61 ½	443,5	1638,7208	32600,4125	499136,7290
85	48	69,9269	442,9144	2343,1087	61	450	1695,9929	34296,4054	533433,1344
84 ½	53,5	79,4982	522,4126	2865,5213	60 ½	456,5	1754,9004	36051,3058	569484,4402
84	59	89,4243	611,8369	3477,3582	60	463	1815,4858	37866,7916	607351,2318
83 ½	65	100,4887	712,3256	4189,6838	59 ½	469,5	1877,7926	39744,5842	647095,8160
83	71	111,9598	824,2854	5013,9692	59	476	1941,8655	41686,4497	688782,2657
82 ½	78	125,4581	949,7435	5963,7127	58 ½	482,5	2007,7502	43694,1999	732476,4656
82	85	139,4515	1089,1950	7052,9077	58	489	2075,4936	45769,6935	778246,1591
81 ½	93	155,6279	1244,8229	8297,7306	57 ½	495,5	2145,1436	47914,8371	826160,9962
81	101	172,3955	1417,2184	9714,9490	57	502	2216,7494	50131,5865	876292,5827
80 ½	109,5	190,6422	1607,8606	11322,8096	56 ½	508	2288,1093	52419,6958	928712,2785
80	118	209,5497	1817,4103	13140,2199	56	514	2361,4369	54781,1327	983493,4112
79 ½	127	230,0429	2047,4532	15187,6731	55 ½	520	2436,7824	57217,9151	1040711,3263
79	136	251,2721	2298,7253	17486,3984	55	526	2514,1971	59732,1122	1100443,4385
78 ½	145	273,2584	2571,9837	20058,3821	54 ½	532	2593,7336	62325,8458	1162769,2843
78	154	296,0236	2868,0073	22926,3894	54	538	2675,4460	65001,2918	1227770,5761
77 ½	163,5	320,5705	3188,5778	26114,9672	53 ½	543,5	2756,8532	67758,1450	1295528,7211
77	173	345,9809	3534,5587	29649,5259	53	549	2840,4464	70598,5914	1366127,3125
76 ½	182,5	372,2794	3906,8381	33556,3640	52 ½	554,5	2926,2807	73524,8721	1439652,1846
76	192	399,4915	4306,3296	37862,6936	52	560	3014,4121	76539,2842	1516191,4688
75 ½	201,5	427,6432	4733,9728	42596,6664	51 ½	665,5	3104,8983	79644,1825	1595835,6513
75	211	456,7611	5190,7339	47787,4003	51	571	3197,7982	82841,9807	1678677,6320
74 ½	221	487,9768	5678,7107	53466,1110	50 ½	576	3290,3159	86132,2966	1764809,9286
74	231	520,2583	6198,9690	59665,0800	50	581	3385,2552	89517,5518	1854327,4804
73 ½	241	553,6359	6752,6049	66417,6849	49 ½	585,5	3479,7044	92997,2562	1947324,7366
73	251	588,1405	7340,7454	73758,4303	49	590	3576,5775	96573,8337	2043898,5703
72 ½	261	623,8039	7964,5493	81722,9796	48 ½	594,5	3675,9336	100249,7673	2144148,3376
72	271	660,6585	8625,2078	90348,1874	48	599	3777,8333	104027,6006	2248175,9382
71 ½	281	698,7378	9323,9456	99672,1330	47 ½	603	3879,1222	107906,7228	2356082,6610
71	291	738,0760	10062,0216	109734,1546	47	607	3982,9514	111889,6742	2467972,3352

DÉPARCIEUX.

IX. Table auxiliaire calculée à 2 % par semestre (4 % par an).

Age. a	SURVIVANTS N_a	Z_a	S_a	Σ_a	Age. a	SURVIVANTS N_a	Z_a	S_a	Σ_a
46 ½	611	4089,3822	115979,0564	2583951,3916	22 ½	794	13748,1808	503959,3205	15819873,5468
46	615	4198,4770	120177,5334	2704128,9250	22	798	14093,7901	518053,1106	16337926,6574
45 ½	618,5	4306,8182	124484,3516	2828613,2766	21 ½	802	14447,7243	532500,8349	16870427,4923
45	622	4417,8136	128902,1652	2957515,4418	21	806	14810,1784	547311,0133	17417738,5056
44 ½	625,5	4531,5261	133433,6913	3090949,1331	20 ½	810	15181,3517	562492,3650	17980230,8706
44	629	4648,0201	138081,7114	3229030,8445	20	814	15561,4477	578053,8127	18558284,6833
43 ½	632,5	4767,3611	142849,0725	3371879,9170	19 ½	817,5	15940,9253	593994,7380	19152279,4213
43	636	4889,6166	147738,6891	3519618,6061	19	821	16329,3574	610324,0954	19762603,5167
42 ½	639,5	5014,8554	152753,5445	3672372,1506	18 ½	824,5	16726,9504	627051,0458	20389654,5625
42	643	5143,1478	157896,6923	3830268,8429	18	828	17133,9153	644184,9611	21033839,5236
41 ½	646,5	5274,5661	163171,2584	3993440,1013	17 ½	831,5	17550,4681	661735,4292	21695574,9528
41	650	5409,1838	168580,4422	4162020,5435	17	835	17976,8295	679712,2587	22375287,2115
40 ½	653,5	5547,0763	174127,5185	4336148,0620	16 ½	838,5	18413,2251	698125,4838	23073412,6953
40	657	5688,3209	179815,8394	4515963,9014	16	842	18859,8858	716985,3696	23790398,0649
39 ½	660,5	5832,9965	185648,8359	4701612,7373	15 ½	845	19305,6241	736290,9937	24526689,0586
39	664	5981,1838	191630,0197	4893242,7570	15	848	19761,6481	756052,6418	25282741,7004
38 ½	667,5	6132,9653	197762,9850	5091005,7420	14 ½	851	20228,1908	776280,8326	26059022,5330
38	671	6288,4256	204051,4106	5295057,1526	14	854	20705,4905	796986,3231	26856008,8561
37 ½	674,5	6447,6512	210499,0618	5505556,2144	13 ½	857	21193,7910	818180,1141	27674188,9702
37	678	6610,7304	217109,7922	5722666,0066	13	860	21693,3413	839873,4554	28514062,4256
36 ½	682	6782,7264	223892,5186	5946558,5252	12 ½	863	22204,3960	862077,8514	29376140,2770
36	686	6958,9579	230851,4765	6177410,0017	12	866	22727,2157	884805,0671	30260945,3441
35 ½	690	7139,5257	237991,0022	6415401,0039	11 ½	869	23262,0663	908067,1334	31169012,4775
35	694	7324,5325	245315,5347	6660716,5386	11	872	23809,2201	931876,3535	32100888,8310
34 ½	698	7514,0838	252829,6185	6913546,1571	10 ½	876	24396,8054	956273,1589	33057161,9899
34	702	7708,2873	260537,9058	7174084,0629	10	880	24998,3705	981271,5294	34038433,5193
33 ½	706	7907,2534	268445,1592	7442529,2221	9 ½	885	25643,2148	1006914,7442	35045348,2635
33	710	8111,0947	276556,2539	7719085,4760	9	890	26303,8536	1033218,5978	36078566,8613
32 ½	714	8319,9269	284876,1808	8003961,6568	8 ½	896	27010,8065	1060229,4043	37138796,2656
32	718	8533,8679	293410,0487	8297371,7055	8	902	27735,5161	1087964,9204	38226761,1860
31 ½	722	8753,0385	302163,0872	8599534,7927	7 ½	908,5	28494,0918	1116459,0122	39343220,1982
31	726	8977,5625	311140,6497	8910675,4424	7	915	29271,9161	1145730,9283	40488951,1265
30 ½	730	9207,5661	320348,2158	9231023,6582	6 ½	922,5	30102,0869	1175833,0152	41664784,1417
30	734	9443,1789	329791,3947	9560815,0529	6	930	30953,7557	1206786,7709	42871570,9126
29 ½	738	9684,5331	339475,9278	9900290,9807	5 ½	939	31878,3743	1238665,1452	44110236,0578
29	742	9931,7644	349407,6922	10249698,6729	5	948	32827,5962	1271492,7414	45381728,7992
28 ½	746	10185,0109	359592,7031	10609291,3760	4 ½	959	33872,6773	1305365,4187	46687094,2179
28	750	10444,4147	370037,1178	10979328,4938	4	970	34946,4306	1340311,8493	48027406,0672
27 ½	754	10710,1206	380747,2384	11360075,7322	3 ½	985	36196,5761	1376508,4254	49403914,4926
27	758	10982,2770	391729,5154	11751805,2476	3	1000	37482,7488	1413991,1742	50817905,6668
26 ½	762	11261,0356	402990,5510	12154795,7986	2 ½	1020	38997,0519	1452988,2261	52270893,8929
26	766	11546,5516	414537,1026	12569332,9012	2	1040	40556,9339	1493545,1600	53764439,0529
25 ½	770	11838,9838	426376,0864	12995708,9876	1 ½	1066	42402,2744	1535947,4344	55300386,4873
25	774	12138,4948	438514,5812	13434223,5688	1	1092	44305,2058	1580252,6402	56880639,1275
24 ½	778	12445,2505	450959,8317	13885183,4005	0 ½	1225,5	50716,0716	1630968,7118	58511607,8393
24	782	12759,4211	463719,2528	14348902,6533	0	1359	57365,6501	1688334,3619	60199942,2012
23 ½	786	13081,1805	476800,4333	14825703,0866					
23	790	13410,7064	490211,1397	15315914,2263					

DÉPARCIEUX.

X. Table auxiliaire calculée à 2 ¼ % par semestre (4 ½ % par an).

Age. a	SURVIVANTS N_a	Z_a	S_a	Σ_a	Age. a	SURVIVANTS N_a	Z_a	S_a	Σ_a
94 ½	0,5	0,5000	0,5000	0,5000	70 ½	300,5	874,3467	11895,1521	130194,1598
94	1	1,0225	1,5225	2,0225	70	310	922,2830	12817,4351	143011,5949
93 ½	1,5	1,5683	3,0908	5,1133	69 ½	319,5	971,9338	13789,3689	156800,9638
93	2	2,1381	5,2289	10,3422	69	329	1023,3520	14812,7209	171613,6847
92 ½	3	3,2792	8,5081	18,8503	68 ½	338	1075,0017	15887,7226	187501,4073
92	4	4,4707	12,9788	31,8291	68	347	1128,4576	17016,1802	204517,5875
91 ½	5,5	6,2855	19,2643	51,0934	67 ½	355,5	1182,1122	18198,2924	222715,8799
91	7	8,1798	27,4441	78,5375	67	364	1237,6100	19435,9024	242151,7823
90 ½	9	10,7535	38,1976	116,7351	66 ½	372	1293,2684	20729,1708	262880,9531
90	11	13,4388	51,6364	168,3715	66	380	1350,8050	22079,9758	284960,9289
89 ½	13,5	16,8642	68,5006	236,8721	65 ½	387,5	1408,4586	23488,4344	308449,3633
89	16	20,4369	88,9375	325,8096	65	395	1468,0227	24956,4571	333405,8204
88 ½	19	24,8149	113,7524	439,5620	64 ½	402	1527,6542	26484,1113	359889,9317
88	22	29,3796	143,1320	582,6940	64	409	1589,2259	28073,3372	387963,2689
87 ½	25,5	34,8198	177,9518	760,6458	63 ½	416	1652,7949	29726,1321	417689,4010
87	29	40,4900	218,4418	979,0876	63	423	1718,4200	31444,5521	449133,9531
86 ½	33,5	47,8252	266,2670	1245,3546	62 ½	430	1786,1615	33230,7136	482364,6667
86	38	55,4702	321,7372	1567,0918	62	437	1856,0814	35086,7950	517451,4617
85 ½	43	64,1813	385,9185	1953,0103	61 ½	443,5	1926,0720	37012,8670	554464,3287
85	48	73,2562	459,1747	2412,1850	61	450	1998,2726	39011,1396	593475,4683
84 ½	53,5	83,4872	542,6619	2954,8469	60 ½	456,5	2072,7471	41083,8867	634559,3550
84	59	94,1416	636,8035	3591,6504	60	463	2149,5613	43233,4480	677792,8030
83 ½	65	106,0489	742,8524	4334,5028	59 ½	469,5	2228,7829	45462,2309	723255,0339
83	71	118,4444	861,2968	5195,7996	59	476	2310,4812	47772,7121	771027,7460
82 ½	78	133,0498	994,3466	6190,1462	58 ½	482,5	2394,7276	50167,4397	821195,1857
82	85	148,2524	1142,5990	7332,7452	58	489	2481,5954	52649,0351	873844,2208
81 ½	93	165,8552	1308,4542	8641,1994	57 ½	495,5	2571,1599	55220,1950	929064,4158
81	101	184,1751	1492,6293	10133,8287	57	502	2663,4986	57883,6936	986948,1094
80 ½	109,5	204,1677	1696,7970	11830,6257	56 ½	508	2755,9782	60639,6718	1047587,7812
80	118	224,9667	1921,7637	13752,3894	56	514	2851,2710	63490,9428	1111078,7240
79 ½	127	247,5730	2169,3367	15921,7261	55 ½	520	2949,4568	66440,3996	1177519,1236
79	136	271,0827	2440,4194	18362,1455	55	526	3050,6175	69491,0171	1247010,1407
78 ½	145	295,5249	2735,9443	21098,0898	54 ½	532	3154,8373	72645,8544	1319655,9951
78	154	320,9299	3056,8742	24154,9640	54	538	3262,2026	75908,0570	1395564,0521
77 ½	163,5	348,3939	3405,2681	27560,2321	53 ½	543,5	3369,7022	79277,7592	1474841,8113
77	173	376,9313	3782,1994	31342,4315	53	549	3480,3877	82758,1469	1557599,9582
76 ½	182,5	406,5765	4188,7759	35531,2074	52 ½	554,5	3594,3482	86352,4951	1643952,4533
76	192	437,3649	4626,1408	40157,3482	52	560	3711,6750	90064,1701	1734016,6234
75 ½	201,5	469,3330	5095,4738	45252,8220	51 ½	565,5	3832,4619	93896,6320	1827913,2554
75	211	502,5182	5597,9920	50850,8140	51	571	3956,8051	97853,4371	1925766,6925
74 ½	221	538,1768	6136,1688	56986,9828	50 ½	576	4081,2608	101934,6979	2027701,3904
74	231	575,1855	6711,3543	63698,3371	50	581	4209,3139	106144,0118	2133845,4022
73 ½	241	613,5873	7324,9416	71023,2787	49 ½	585,5	4337,3593	110481,3711	2244326,7733
73	251	653,4259	7978,3675	79001,6462	49	590	4469,0358	114950,4069	2359277,1802
72 ½	261	694,7466	8673,1141	87674,7603	48 ½	594,5	4604,4418	119554,8487	2478832,0289
72	271	737,5960	9410,7101	97085,4704	48	599	4743,6788	124298,5275	2603130,5564
71 ½	281	782,0218	10192,7319	107278,2023	47 ½	603	4882,8016	129181,3291	2732311,8855
71	291	828,0735	11020,8054	118299,0077	47	607	5025,7835	134207,1126	2866518,9981

DÉPARCIEUX.

X. Table auxiliaire calculée à 2 ¼ % par semestre (4 ½ % par an).

Age. a	SURVIVANTS N_a	Z_a	S_a	Σ_a	Age a	SURVIVANTS N_a	Z_a	S_a	Σ_a
46 ½	611	5172,7276	139379,8402	3005898,8383	22 ½	794	19558,6153	666831,1950	19893032,7814
46	615	5323,7400	144703,5802	3150602,4185	22	798	20099,4333	686930,6283	20579963,4097
45 ½	618,5	5474,5035	150178,0837	3300780,5022	21 ½	802	20654,6863	707585,3146	21287548,7243
45	622	5629,3563	155807,4400	3456587,9422	21	806	21224,7505	728810,0651	22016358,7894
44 ½	625,5	5788,4059	161595,8459	3618183,7881	20 ½	810	21810,0111	750620,0762	22766978,8656
44	629	5951,7630	167547,6089	3785731,3970	20	814	22410,8635	773030,9397	23540009,8053
43 ½	632,5	6119,5407	173667,1496	3959398,5466	19 ½	817,5	23013,6373	796044,5770	24336054,3823
43	636	6291,8554	179959,0050	4139357,5516	19	821	23632,1903	819676,7673	25155731,1496
42 ½	639,5	6468,8262	186427,8312	4325785,3828	18 ½	824,5	24266,9276	843943,6949	25999674,8445
42	643	6650,5754	193078,4066	4518863,7894	18	828	24918,2643	868861,9592	26868536,8037
41 ½	646,5	6837,2285	199915,6351	4718779,4245	17 ½	831,5	25586,6260	894448,5852	27762985,3889
41	650	7028,9140	206944,5491	4925723,9736	17	835	26272,4492	920721,0344	28683706,4233
40 ½	653,5	7225,7643	214170,3134	5139894,2870	16 ½	838,5	26976,1811	947697,2155	29631403,6388
40	657	7427,9143	221598,2277	5361492,5147	16	842	27698,2806	975395,4961	30606799,1349
39 ½	660,5	7635,5031	229233,7308	5590726,2455	15 ½	845	28422,3998	1003817,8959	31610617,0308
39	664	7848,6729	237082,4037	5827808,6492	15	848	29165,0822	1032982,9781	32643600,0089
38 ½	667,5	8067,5699	245149,9736	6072958,6228	14 ½	851	29926,7964	1062909,7745	33706509,7834
38	671	8292,3439	253442,3175	6326400,9403	14	854	30708,0229	1093617,7974	34800127,5808
37 ½	674,5	8523,1485	261965,4660	6588366,4063	13 ½	857	31509,2542	1125127,0516	35925254,6324
37	678	8760,1413	270725,6073	6859092,0136	13	860	32330,9949	1157458,0465	37082712,6789
36 ½	682	9010,0896	279735,6969	7138827,7105	12 ½	863	33173,7625	1190631,8090	38273344,4879
36	686	9266,8507	289002,5476	7427830,2581	12	866	34038,0870	1224669,8960	39498014,3839
35 ½	690	9530,6048	298533,1524	7726363,4105	11 ½	869	34924,5119	1259594,4079	40757608,7918
35	694	9801,5364	308334,6888	8034698,0993	11	872	35833,5942	1295428,0021	42053036,7939
34 ½	698	10079,8350	318414,5238	8353112,6231	10 ½	876	36807,9228	1332235,9249	43385272,7188
34	702	10365,6951	328780,2189	8681892,8420	10	880	37807,9553	1370043,8802	44755316,5990
33 ½	706	10659,3160	339439,5349	9021332,3769	9 ½	885	38878,2857	1408922,1659	46164238,7649
33	710	10960,9021	350400,4370	9371732,8139	9	890	39977,6406	1448899,8065	47613138,5714
32 ½	714	11270,6634	361671,1004	9733403,9143	8 ½	896	41152,7137	1490052,5202	49103191,0916
32	718	11588,8150	373259,9154	10106663,8297	8	902	42360,4264	1532412,9466	50635604,0382
31 ½	722	11915,5778	385175,4932	10491839,3229	7 ½	908,5	43625,6624	1576038,6090	52211642,6472
31	726	12251,1778	397426,6710	10889265,9939	7	915	44926,3890	1620964,9980	53832607,6452
30 ½	730	12595,8475	410022,5185	11299288,5124	6 ½	922,5	46313,7674	1667278,7654	55499886,4106
30	734	12949,8253	422972,3438	11722260,8562	6	930	47740,8340	1715019,5994	57214906,0100
29 ½	738	13313,3555	436285,6993	12158546,5555	5 ½	939	49287,4059	1764307,0053	58979213,0153
29	742	13686,6887	449972,3880	12608518,9435	5	948	50879,4049	1815186,4102	60794399,4255
28 ½	746	14070,0821	464042,4701	13072561,4136	4 ½	959	52627,8478	1867814,2580	62662213,6835
28	750	14463,7991	478506,2692	13551067,6828	4	970	54429,2128	1922243,4708	64584457,1543
27 ½	754	14868,1105	493374,3797	14044442,0625	3 ½	985	56514,4969	1978757,9677	66563215,1220
27	758	15283,2936	508657,6733	14553099,7358	3	1000	58666,0641	2037424,0318	68600639,1538
26 ½	762	15709,6330	524367,3063	15077467,0421	2 ½	1020	61185,7715	2098609,8033	70699248,9571
26	766	16147,4205	540514,7268	15617981,7689	2	1040	63789,1662	2162398,9695	72861647,9266
25 ½	770	16596,9554	557111,6822	16175093,4511	1 ½	1066	66855,0330	2229254,0025	75090901,9291
25	774	17058,5447	574170,2269	16749263,6780	1	1092	70026,5705	2299280,5730	77390182,5021
24 ½	778	17532,5035	591702,7304	17340966,4084	0 ½	1225,5	80355,7301	2379636,3031	79769818,8052
24	782	18019,1544	609721,8848	17950688,2932	0	1359	91114,2509	2470750,5540	82240569,3592
23 ½	786	18518,8287	628240,7135	18578929,0067					
23	790	19031,8662	647272,5797	19226201,5864					

DÉPARCIEUX.

XI. Table auxiliaire calculée à 2 ½ % par semestre (5 % par an).

Age. a	SURVIVANTS N_a	Z_a	S_a	Σ_a	Age. a	SURVIVANTS N_a	Z_a	S_a	Σ_a
94 ½	0,5	0,5000	0,5000	0,5000	70 ½	300,5	983,0826	13056,3477	140629,9728
94	1	1,0250	1,5250	2,0250	70	310	1039,5158	14095,8635	154725,8363
93 ½	1,5	1,5759	3,1009	5,1259	69 ½	319,5	1098,1562	15194,0197	169919,8560
93	2	2,1538	5,2547	10,3806	69	329	1159,0790	16353,0987	186272,9547
92 ½	3	3,3114	8,5661	18,9467	68 ½	338	1220,5560	17573,6547	203846,6094
92	4	4,5256	13,0917	32,0384	68	347	1284,3824	18858,0371	22270406465
91 ½	5,5	6,3783	19,4700	51,5084	67 ½	355,5	1348,7403	20206,7774	242911,4239
91	7	8,3208	27,7908	79,2992	67	364	1415,5134	21622,2908	264533,7147
90 ½	9	10,9656	38,7564	118,0556	66 ½	372	1482,7892	23105,0800	287638,7947
90	11	13,7375	52,4939	170,5495	66	380	1552,5440	24657,6240	312296,4187
89 ½	13,5	17,2811	69,7750	240,3245	65 ½	387,5	1622,7660	26280,3900	338576,8087
89	16	20,9934	90,7684	331,0929	65	395	1695,5287	27975,9187	366552,7274
88 ½	19	25,5529	116,3213	447,4142	64 ½	402	1768,7155	29744,6342	396297,3616
88	22	30,3272	146,6485	594,0627	64	409	1844,5019	31589,1361	427886,4977
87 ½	25,5	36,0308	182,6793	776,7420	63 ½	416	1922,9721	33512,1082	461398,6059
87	29	42,0006	224,6799	1001,4219	63	423	2004,2131	35516,3213	496914,9272
86 ½	33,5	49,7309	274,4108	1275,8327	62 ½	430	2088,3142	37604,6355	534519,5627
86	38	57,8215	332,2323	1608,0650	62	437	2175,3678	39780,0033	574299,5660
85 ½	43	67,0653	399,2976	2007,3626	61 ½	443,5	2262,9176	42042,9209	616342,4869
85	48	76,7352	476,0328	2483,3954	61	450	2353,4853	44396,4062	660738,8931
84 ½	53,5	87,6660	563,6988	3047,0942	60 ½	456,5	2447,1671	46843,5733	707582,4664
84	59	99,0953	662,7941	3709,8883	60	463	2544,0621	49387,6354	756970,1018
83 ½	65	111,9021	774,6962	4484,5845	59 ½	469,5	2644,2723	52031,9077	809002,0095
83	71	125,2874	899,9836	5384,5681	59	476	2747,9030	54779,8107	863781,8202
82 ½	78	141,0806	1041,0642	6425,6323	58 ½	482,5	2855,0625	57634,8732	921416,6934
82	85	157,5852	1198,6494	7624,2817	58	489	2965,8626	60600,7358	982017,4292
81 ½	93	176,7272	1375,3766	8999,6583	57 ½	495,5	3080,4183	63681,1541	1045698,5833
81	101	196,7278	1572,1044	10571,7627	57	502	3198,8481	66880,0022	1112578,5855
80 ½	109,5	218,6162	1790,7206	12362,4833	56 ½	508	3318,0084	70198,0106	1182776,5961
80	118	241,4761	2032,1967	14394,6800	56	514	3441,1274	73639,1380	1256415,7341
79 ½	127	266,3911	2298,5878	16693,2678	55 ½	520	3568,3286	77207,4666	1333623,2007
79	136	292,4009	2590,9887	19284,2565	55	526	3699,7392	80907,2058	1414530,4065
78 ½	145	319,5448	2910,5335	22194,7900	54 ½	532	3835,4901	84742,6959	1499273,1024
78	154	347,8630	3258,3965	25453,1865	54	538	3975,7162	88718,4121	1587991,5145
77 ½	163,5	378,5552	3636,9517	29090,1382	53 ½	543,5	4116,7691	92835,1812	1680826,6957
77	173	410,5645	4047,5162	33137,6544	53	549	4262,3899	97097,5711	1777924,2668
76 ½	182,5	443,9377	4491,4539	37629,1083	52 ½	554,5	4412,7187	101510,2898	1879434,5566
76	192	478,7229	4970,1768	42599,2851	52	560	4567,9000	106078,1898	1985512,7464
75 ½	201,5	514,9700	5485,1468	48084,4319	51 ½	565,5	4728,0824	110806,2722	2096319,0186
75	211	552,7302	6037,8770	54122,3089	51	571	4893,4189	115699,6911	2212018,7097
74 ½	221	593,3991	6631,2761	60753,5850	50 ½	576	5059,6752	120759,3663	2332778,0760
74	231	635,7560	7267,0321	68020,6171	50	581	5231,1859	125990,5522	2458768,6282
73 ½	241	679,8598	7946,8919	75967,5090	49 ½	585,5	5403,4954	131394,0476	2590162,6758
73	251	725,7715	8672,6634	84640,1724	49	590	5581,1509	136975,1985	2727137,8743
72 ½	261	773,5539	9446,2173	94086,3897	48 ½	594,5	5764,3119	142739,5104	2869877,3847
72	271	823,2718	10269,4891	104355,8788	48	599	5953,1428	148692,6532	3018570,0379
71 ½	281	874,9921	11144,4812	115500,3600	47 ½	603	6142,7191	154835,3723	3173405,4102
71	291	928,7839	12073,2651	127573,6251	47	607	6338,0535	161173,4258	3334578,8360

DÉPARCIEUX.

XI. Table auxiliaire calculée à 2 $^1/_2$ % par semestre (5 % par an).

Age. a	SURVIVANTS N_a	z^a	S_a	Σ_a	Age. a	SURVIVANTS N_a	z_a	S_a	Σ_a
46 $^1/_2$	611	6539,3155	167712,7413	3502291,5773	22 $^1/_2$	794	27800,7889	884987,8077	25113276,3239
46	615	6746,6792	174459,4205	3676750,9978	22	798	28639,3643	913627,1720	26026903,4959
45 $^1/_2$	618,5	6954,7018	181414,1223	3858165,1201	21 $^1/_2$	802	29502,4930	943129,6650	26970033,1609
45	622	7168,9089	188583,0312	4046748,1513	21	806	30390,8785	973520,5435	27943553,7044
44 $^1/_2$	625,5	7389,4796	195972,5108	4242720,6621	20 $^1/_2$	810	31305,2443	1004825,7878	28948379,4922
44	629	7616,5983	203589,1091	4446309,7712	20	814	32246,3340	1037072,1218	29985451,6140
43 $^1/_2$	632,5	7850,4545	211439,5636	4657749,3348	19 $^1/_2$	817,5	33194,6100	1070266,7318	31055718,3458
43	636	8091,2431	219530,8067	4877280,1415	19	821	34170,1458	1104436,8776	32160155,2234
42 $^1/_2$	639,5	8339,1647	227869,9714	5105150,1129	18 $^1/_2$	824,5	35173,7117	1139610,5893	33299765,8127
42	643	8594,4252	236464,3966	5341614,5095	18	828	36206,0996	1175816,6889	34475582,5016
41 $^1/_2$	646,5	8857,2369	245321,6335	5586936,1430	17 $^1/_2$	831,5	37268,1233	1213084,8122	35688667,3138
41	650	9127,8176	254449,4511	5841385,5941	17	835	38360,6194	1251445,4316	36940112,7454
40 $^1/_2$	653,5	9406,3916	263855,8427	6105241,4368	16 $^1/_2$	838,5	39484,4477	1290929,8793	38231042,6247
40	657	9693,1894	273549,0321	6378790,4689	16	842	40640,4921	1331570,3714	39562612,9961
39 $^1/_2$	660,5	9988,4480	283537,4801	6662327,9490	15 $^1/_2$	845	41804,9242	1373375,2956	40935988,2917
39	664	10292,4114	293829,8915	6956157,8405	15	848	43002,1777	1416377,4733	42352365,7650
38 $^1/_2$	667,5	10605,3301	304435,2216	7260593,0621	14 $^1/_2$	851	44233,1658	1460610,6391	43812976,4041
38	671	10927,4621	315362,6837	7575955,7458	14	854	45498,8268	1506109,4659	45319085,8700
37 $^1/_2$	674,5	11259,0723	326621,7560	7902577,5018	13 $^1/_2$	857	46800,1252	1552909,5911	46871995,4611
37	678	11600,4334	338222,1894	8240799,6912	13	860	48138,0518	1601047,6429	48473043,1040
36 $^1/_2$	682	11960,5943	350182,7837	8590982,4749	12 $^1/_2$	863	49513,6246	1650561,2675	50123604,3715
36	686	12331,5130	362514,2967	8953496,7716	12	866	50927,8898	1701489,1573	51825093,5288
35 $^1/_2$	690	12713,5023	375227,7990	9328724,5706	11 $^1/_2$	869	52381,9222	1753871,0795	53578964,6083
35	694	13106,8839	388334,6829	9717059,2535	11	872	53876,8263	1807747,9058	55386712,5141
34 $^1/_2$	698	13511,9886	401846,6715	10118905,9250	10 $^1/_2$	876	55477,0670	1863224,9728	57249937,4869
34	702	13929,1567	415775,8282	10534681,7532	10	880	57123,6465	1920348,6193	59170286,1062
33 $^1/_2$	706	14358,7383	430134,5665	10964816,3197	9 $^1/_2$	885	58884,4181	1979233,0374	61149519,1436
33	710	14801,0931	444935,6596	11409751,9793	9	890	60697,5259	2039930,5633	63189449,7069
32 $^1/_2$	714	15256,5916	460192,2512	11869944,2305	8 $^1/_2$	896	62634,3907	2102564,9540	65292014,6609
32	718	15725,6143	475917,8655	12345862,0960	8	902	64630,1628	2167195,1168	67459209,7777
31 $^1/_2$	722	16208,5527	492126,4182	12837988,5142	7 $^1/_2$	908,5	66723,2988	2233918,4156	69693128,1933
31	726	16705,8095	508832,2277	13346820,7419	7	915	68880,6978	2302799,1134	71995927,3067
30 $^1/_2$	730	17217,7989	526050,0266	13872870,7685	6 $^1/_2$	922,5	71181,4259	2373980,5393	74369907,8460
30	734	17744,9465	543794,9731	14416665,7416	6	930	73554,1402	2447534,6795	76817442,5255
29 $^1/_2$	738	18287,6905	562082,6636	14978748,4052	5 $^1/_2$	939	76122,6033	2523657,2828	79341099,8083
29	742	18846,4810	580929,1446	15559677,5498	5	948	78773,5182	2602430,8010	81943530,6093
28 $^1/_2$	746	19421,7813	600350,9659	16160028,4757	4 $^1/_2$	959	81679,7459	2684110,5469	84627641,1562
28	750	20014,0675	620364,9934	16780393,4691	4	970	84682,0514	2768792,5983	87396433,7545
27 $^1/_2$	754	20623,8294	640988,8228	17421382,2919	3 $^1/_2$	985	88141,3569	2856933,9552	90253367,7097
27	758	21251,5707	662240,3935	18083622,6854	3	1000	91720,7013	2948654,6565	93202022,3662
26 $^1/_2$	762	21897,8091	684138,2026	18767760,8880	2 $^1/_2$	1020	95893,9840	3044548,6405	96246571,0067
26	766	22563,0772	706701,2798	19474462,1678	2	1040	100218,6243	3144767,2648	99391338,2715
25 $^1/_2$	770	23247,9225	729949,2023	20204411,3701	1 $^1/_2$	1066	105292,1921	3250059,4569	102641397,7284
25	774	23952,9082	753902,1105	20958313,4806	1	1092	110556,8017	3360616,2586	106002013,9870
24 $^1/_2$	778	24678,6133	778580,7238	21736894,2044	0 $^1/_2$	1225,5	127174,4914	3487790,7500	109489804,7370
24	782	25425,6329	804006,3567	22540900,5611	0	1359	144553,9673	3632344,7173	113122149,4543
23 $^1/_2$	786	26194,5796	830200,9363	23371101,4974					
23	790	26986,0825	857187,0188	24228288,5162					

DÉPARCIEUX.

XII. Somme de rente viagère payable par semestre, produite par un versement de 100 fr., l'argent étant placé à un des taux indiqués en tête du Tableau et l'âge pris dans la première colonne verticale

$$R = P \times \frac{Za}{Sa + \frac{1}{2}}$$

Age.	1 ½ %	1 ¾ %	2 %	2 ¼ %	2 ½ %	Age.	1 ½ %	1 ¾ %	2 %	2 ¼ %	2 ½ %
0	2,91074	3,21078	3,51727	3,82892	4,14457	25	2,43221	2,63679	2,84690	3,06196	3,28145
0 ½	2,65466	2,92892	3,39777	3,49482	3,78426	25 ½	2,44210	2,64627	2,85595	3,07058	3,28964
1	2,38613	2,63249	3,20936	3,14126	3,40169	26	2,45220	2,65598	2,86522	3,07941	3,29803
1 ½	2,34879	2,59105	2,88455	3,09171	3,34817	26 ½	2,46253	2,66588	2,87470	3,08845	3,30662
2	2,30979	2,54767	2,83904	3,03959	3,29174	27	2,47309	2,67602	2,88440	3,09771	3,31542
2 ½	2,28284	2,51753	2,79128	3,00309	3,25213	27 ½	2,48388	2,68639	2,89434	3,10719	3,32447
3	2,25472	2,48602	2,72303	2,96479	3,21046	28	2,49492	2,69701	2,90452	3,11691	3,33373
3 ½	2,23703	2,46596	2,70061	2,94003	3,18338	28 ½	2,50622	2,70788	2,91494	3,12688	3,34323
4	2,21856	2,44499	2,67714	2,91406	3,15494	29	2,51778	2,71902	2,92562	3,13709	3,35297
4 ½	2,20871	2,43348	2,66401	2,89931	3,13859	29 ½	2,52961	2,73041	2,93656	3,14757	3,36297
5	2,19840	2,42147	2,65024	2,88382	3,12140	30	2,54172	2,74209	2,94779	3,15832	3,37324
5 ½	2,19239	2,41413	2,64159	2,87387	3,11017	30 ½	2,55412	2,75406	2,95930	3,16935	3,38379
6	2,18605	2,40642	2,63250	2,86340	3,09835	31	2,56682	2,76633	2,97110	3,18068	3,39462
6 ½	2,18301	2,40231	2,62733	2,85717	3,09101	31 ½	2,57985	2,77891	2,98321	3,19230	3,40575
7	2,17976	2,39796	2,62185	2,85059	3,08340	32	2,59318	2,79181	2,99564	3,20424	3,41718
7 ½	2,17875	2,39604	2,61903	2,84686	3,07878	32 ½	2,60685	2,80504	3,00840	3,21651	3,42895
8	2,17760	2,39458	2,61599	2,84288	3,07387	33	2,62087	2,81862	3,02151	3,22912	3,44104
8 ½	2,17756	2,39306	2,61424	2,84027	3,07041	33 ½	2,63526	2,83256	3,03497	3,24208	3,45348
9	2,17741	2,39203	2,61232	2,83746	3,06672	34	2,65001	2,84687	3,04881	3,25541	3,46629
9 ½	2,17968	2,39364	2,61327	2,83774	3,06634	34 ½	2,66516	2,86158	3,06303	3,26912	3,47947
10	2,18193	2,39521	2,61415	2,83793	3,06585	35	2,68071	2,87668	3,07765	3,28323	3,49305
10 ½	2,18670	2,39954	2,61803	2,84137	3,06885	35 ½	2,69669	2,89221	3,09269	3,29776	3,50704
11	2,19155	2,40394	2,62197	2,84485	3,07188	36	2,71310	2,90817	3,10817	3,31272	3,52145
11 ½	2,19905	2,41123	2,62906	2,85175	3,07859	36 ½	2,72996	2,92459	3,12410	3,32813	3,53631
12	2,20672	2,41870	2,63633	2,85883	3,08549	37	2,74730	2,94148	3,14050	3,34426	3,55164
12 ½	2,21456	2,42634	2,64378	2,86609	3,09257	37 ½	2,76724	2,96113	3,15982	3,36295	3,57020
13	2,22257	2,43417	2,65141	2,87355	3,09986	38	2,78781	2,98142	3,17978	3,38256	3,58942
13 ½	2,23076	2,44218	2,65924	2,88120	3,10735	38 ½	2,80904	3,00237	3,20042	3,40286	3,60934
14	2,23914	2,45038	2,66727	2,88905	3,11506	39	2,83095	3,02402	3,22177	3,42387	3,62954
14 ½	2,24771	2,45878	2,67550	2,89713	3,12298	39 ½	2,85358	3,04641	3,24387	3,44566	3,65143
15	2,25648	2,46739	2,68395	2,90542	3,13113	40	2,87697	3,06956	3,26676	3,46823	3,67367
15 ½	2,26545	2,47621	2,69261	2,91394	3,13952	40 ½	2,90114	3,09353	3,29046	3,49164	3,69676
16	2,27464	2,48525	2,70150	2,92269	3,14816	41	2,92615	3011834	3,31503	3,51594	3,72076
16 ½	2,28265	2,49299	2,70898	2,92990	3,15511	41 ½	2,95203	3,14404	3,34052	3,54117	3,74570
17	2,29083	2,50090	2,71662	2,93728	3,16224	42	2,97882	3,17068	3,36696	3,56737	3,77164
17 ½	2,29919	2,50900	2,72445	2,94485	3,16955	42 ½	3,00658	3,19834	3,39441	3,59461	3,79863
18	2,30773	2,51727	2,73246	2,95260	3,17705	43	3,03536	3,22697	3,42293	3,62294	3,82674
18 ½	2,31647	2,52574	2,74067	2,96055	3,18477	43 ½	3,06521	3,25674	3,45257	3,65242	3,85603
19	2,32539	2,53442	2,74908	2,96870	3,19268	44	3,09618	3,28766	3,48339	3,68312	3,88656
19 ½	2,33451	2,54328	2,75769	2,97707	3,20080	44 ½	3,12835	3,31981	3,51548	3,71510	3,91842
20	2,34384	2,55237	2,76652	2,98565	3,20915	45	3,16177	3,35325	3,54890	3,74846	3,95168
20 ½	2,35190	2,56004	2,77381	2,99255	3,21568	45 ½	3,19653	3,38806	3,58371	3,78326	3,98643
21	2,36012	2,56788	2,78125	2,99960	3,22234	46	3,23270	3,42432	3,62003	3,81959	4,02276
21 ½	2,36850	2,57587	2,78885	3,00681	3,22916	46 ½	3,26761	3,45919	3,65484	3,85429	4,05731
22	2,37705	2,58403	2,79662	3,01417	3,23613	47	3,30391	3,49550	3,69111	3,89049	4,09342
22 ½	2,38577	2,59237	2,80454	3,02170	3,24326	47 ½	3,34169	3,53333	3,72893	3,92828	4,13115
23	2,39468	2,60088	2,81265	3,02939	3,25055	48	3,38104	3,57277	3,76842	3,96779	4,17063
23 ½	2,40377	2,60957	2,82093	3,03726	3,25800	48 ½	3,41909	3,61077	3,80625	4,00559	4,20829
24	2,41305	2,61845	2,82939	3,04531	3,26564	49	3,45869	3,65037	3,84590	4,04506	4,24765
24 ½	2,42253	2,62752	2,83805	3,05354	3,27345	49 ½	3,49994	3,69165	3,88718	4,08630	4,38881

DÉPARCIEUX.

XII. Somme de rente viagère payable par semestre, produite par un versement de 100 fr., l'argent étant placé à un des taux indiqués en tête du tableau et l'âge pris dans la première colonne verticale $R = P \times \frac{Za}{Sa + \frac{1}{2}}$

Age.	1 ½ %	1 ¾ %	2 %	2 ¼ %	2 ½ %	Age.	1 ½ %	1 ¾ %	2 %	2 ¼ %	2 ½ %
50	3,54294	3,78474	3,93030	4,12942	4,33191	75	9,22580	9,43649	9,64858	9,86205	10,07685
50 ½	3,58459	3,77633	3,97180	4,17079	4,37311	75 ½	9,50530	9,71725	9,93057	10,14524	10,36121
51	3,62797	3,81970	4,01511	4,21400	4,41620	76	9,79758	10,01084	10,22544	10,44135	10,65853
51 ½	3,66984	3,86141	4,05661	4,25526	4,45717	76 ½	10,10206	10,31665	10,53256	10,74974	10,96815
52	3,71340	3,90483	4,09985	4,29828	4,49994	77	10,41754	10,63345	10,85064	11,06907	11,28870
52 ½	3,75875	3,95008	4,14495	4,34320	4,54462	77 ½	10,74196	10,95908	11,17746	11,39706	11,61784
53	3,80602	3,99728	4,19204	4,39012	4,59135	78	11,07194	11,29014	11,50955	11,73071	11,95187
53 ½	3,85532	4,04655	4,24123	4,43919	4,64027	78 ½	11,44647	11,66633	11,88739	12,10959	12,33293
54	3,90680	4,09803	4,29268	4,49056	4,69151	79	11,82847	12,04987	12,27242	12,49611	12,72090
54 ½	3,95674	4,14783	4,34228	4,53992	4,74060	79 ½	12,21138	12,43398	12,65773	12,88264	13,10853
55	4,00881	4,19979	4,39407	4,59151	4,79195	80	12,58512	12,80842	13,03283	13,25831	13,48486
55 ½	4,06316	4,25406	4,44822	4,64548	4,84569	80 ½	13,00198	13,22638	13,45186	13,67842	13,90596
56	4,11995	4,31080	4,50487	4,70199	4,90203	81	13,39857	13,62326	13,84899	14,07578	14,30356
56 ½	4,17934	4,37019	4,56421	4,76123	4,96114	81 ½	13,83686	14,06207	14,28834	14,51561	14,74386
57	4,24153	4,43243	4,62644	4,82341	5,02323	82	14,23308	14,45757	14,68307	14,90953	15,13696
57 ½	4,30220	4,49298	4,68682	4,88358	5,08314	82 ½	14,76829	14,99377	15,22023	15,44761	15,67591
58	4,36563	4,55633	4,75004	4,94663	5,14595	83	15,26616	15,49138	15,71750	15,94454	16,17246
58 ½	4,43203	4,62270	4,81631	5,01275	5,21189	83 ½	15,96828	16,19573	16,42410	16,65331	16,88339
59	4,50163	4,69230	4,88586	5,08220	5,28119	84	16,65901	16,88785	17,11756	17,34812	17,57948
59 ½	4,57466	4,76538	4,95894	5,15523	5,35412	84 ½	17,48508	17,71655	17,94889	18,18202	18,41595
60	4,65139	4,84222	5,03584	5,23213	5,43097	85	18,28120	18,51408	18,74780	18,98232	19,21755
60 ½	4,73213	4,92313	5,11686	5,31322	5,51209	85 ½	19,23908	19,47469	19,71114	19,94834	20,18627
61	4,81720	5,00844	5,20237	5,39886	5,59782	86	20,12117	20,35752	20,59468	20,83256	21,07114
61 ½	4,90698	5,09854	5,29274	5,48945	5,68858	86 ½	21,17722	21,41535	21,65424	21,89390	22,13411
62	5,00188	5,19386	5,38841	5,58544	5,78484	87	22,04289	22,27901	22,51588	22,75335	22,99146
62 ½	5,09613	5,28838	5,48316	5,68035	5,87987	87 ½	23,60345	23,84397	24,08522	24,32707	24,56951
63	5,19570	5,38831	5,58339	5,78084	5,98056	88	25,09829	25,34075	25,58391	25,82766	26,07192
63 ½	5,30108	5,49414	5,68962	5,88742	6,08745	88 ½	27,15428	27,40275	27,65192	27,90155	28,15173
64	5,41279	5,60642	5,80241	6,00067	6,20112	89	29,08039	29,33125	29,58274	29,83463	30,08728
64 ½	5,53147	5,72579	5,92242	6,12128	6,32228	89 ½	31,88078	32,13974	32,39951	32,65952	32,92021
65	5,65779	5,85295	6,05037	6,24998	6,45169	90	34,39604	34,65767	34,91991	35,18247	35,44575
65 ½	5,78466	5,98055	6,17865	6,37890	6,58119	90 ½	38,36290	38,63562	38,90933	39,18329	39,45766
66	5,91971	6,11647	6,31540	6,51645	6,71949	91	41,63665	41,91094	42,18566	42,46082	42,73651
66 ½	6,05516	6,25268	6,45233	6,65402	6,85769	91 ½	47,55990	47,84954	48,13937	48,42927	48,72018
67	6,19926	6,39768	6,59818	6,80069	7,00514	92	51,69390	51,97546	52,26205	52,54651	52,83151
67 ½	6,34341	6,54258	6,74380	6,94699	7,15208	92 ½	61,80678	62,10959	62,41207	62,71300	63,01787
68	6,49653	6,69661	6,89869	7,10270	7,30857	93	68,33971	68,61423	68,89567	69,17627	69,45725
68 ½	6,64905	6,84986	7,05263	7,25728	7,46377	93 ½	102,00000	102,33937	102,67105	103,00821	103,33770
69	6,81063	7,01230	7,21588	7,42131	7,62852	94	203,00000	203,50000	204,00000	204,50000	205,00000
69 ½	6,97044	7,17274	7,37692	7,58290	7,79062	94 ½	Infini.	Infini.	Infini.	Infini.	Infini.
70	7,13891	7,34195	7,54681	7,75344	7,96177						
70 ½	7,31672	7,52058	7,72623	7,93360	8,14264						
71	7,50456	7,70937	7,91592	8,12416	8,33403						
71 ½	7,68851	7,89396	8,10129	8,30992	8,52031						
72	7,88106	8,08719	8,29499	8,50440	8,71536						
72 ½	8,08248	8,28934	8,49783	8,70788	8,91944						
73	8,29301	8,50063	8,70983	8,92056	9,13277						
73 ½	8,51276	8,72116	8,93110	9,14252	9,35540						
74	8,74169	8,95087	9,16156	9,37369	9,58723						
74 ½	8,97955	9,18950	9,40092	9,61375	9,82794						

DÉPARCIEUX.

XII *bis*. Somme de rente payable par semestre, produite par un versement de 100 francs, avec paiement aux héritiers des arrérages échus depuis le dernier semestre payé jusqu'au jour du décès du titulaire, l'argent étant placé à un des taux indiqués en tête de la table et l'âge pris dans la première colonne

$$R = \frac{2\ P\ Z_a}{S_a + S_{a + \frac{1}{2}}}$$

Age.	1 ½ %	1 ¾ %	2 %	2 ¼ %	2 ½ %	Age.	1 ½ %	1 ¾ %	2 %	2 ¼ %	2 ½ %
0	2,89065	3,18788	3,49131	3,79958	4,11159	24	2,40225	2,60732	2,81793	3,03351	3,25349
0 ½	2,63966	2,91205	3,19045	3,47368	3,76070	24 ½	2,41157	2,61624	2,82644	3,04159	3,26115
1	2,37576	2,62112	2,87210	3,12763	3,38675	25	2,42109	2,62535	2,83513	3,04985	3,26899
1 ½	2,33902	2,58039	2,82741	3,07903	3,33437	25 ½	2,43082	2,63467	2,84402	3,05831	3,27702
2	2,30061	2,53773	2,78049	3,02790	3,27907	26	2,44075	2,64419	2,85312	3,06697	3,28524
2 ½	2,27407	2,50807	2,74773	2,99208	3,24024	26 ½	2,45091	2,65393	2,86242	3,07584	3,29367
3	2,24637	2,47706	2,71341	2,95447	3,19937	27	2,46129	2,66390	2,87195	3,08492	3,30230
3 ½	2,22895	2,45731	2,69137	2,93014	3,17281	27 ½	2,47190	2,67409	2,88170	3,09422	3,31115
4	2,21073	2,43667	2,66828	2,90463	3,14489	28	2,48276	2,68452	2,89169	3,10376	3,32022
4 ½	2,20103	2,42536	2,65537	2,89013	3,12885	28 ½	2,49386	2,69520	2,90192	3,11353	3,32953
5	2,19087	2,41350	2,64182	2,87491	3,11197	29	2,50522	2,70613	2,91240	3,12354	3,33908
5 ½	2,18493	2,40628	2,63331	2,86513	3,10094	29 ½	2,51684	2,71732	2,92314	3,13382	3,34888
6	2,17869	2,39868	2,62436	2,85484	3,08933	30	2,52874	2,72879	2,93415	3,14435	3,35893
6 ½	2,17569	2,39464	2,61927	2,84871	3,08220	30 ½	2,54092	2,74054	2,94544	3,15517	3,36926
7	2,17249	2,39035	2,61389	2,84224	3,07465	31	2,55340	2,75258	2,95702	3,16626	3,37987
7 ½	2,17149	2,38846	2,61110	2,83858	3,07012	31 ½	2,56618	2,76493	2,96890	3,17766	3,39077
8	2,17036	2,38640	2,60812	2,83466	3,06529	32	2,57927	2,77758	2,98109	3,18936	3,40196
8 ½	2,17042	2,38552	2,60637	2,83210	3,06200	32 ½	2,59271	2,79057	2,99361	3,20138	3,41348
9	2,17017	2,38451	2,60450	2,82933	3,05826	33	2,60648	2,80390	3,00645	3,21373	3,42531
9 ½	2,17241	2,38609	2,60543	2,82961	3,05789	33 ½	2,62060	2,81759	3,01965	3,22643	3,43749
10	2,17462	2,38764	2,60630	2,82980	3,05741	34	2,63507	2,83161	3,03321	3,23948	3,45002
10 ½	2,17933	2,39191	2,61012	2,83318	3,06036	34 ½	2,64995	2.84603	3,04715	3,25291	3,46292
11	2,18411	2,39624	2,61400	2,83660	3,06333	35	2,66521	2,86084	3,06148	3,26673	3,47621
11 ½	2,19155	2,40343	2,62098	2,84338	3,06993	35 ½	2,68088	2,87606	3,07621	3,28095	3,48989
12	2,19906	2,41078	2,62813	2,85034	3,07670	36	2,69698	2,89172	3,09138	3,29559	3,50399
12 ½	2,20679	2,41831	2,63546	2,85748	3,08366	36 ½	2,71352	2,90781	3,10698	3,31067	3,51854
13	2,21468	2,42601	2,64297	2,86481	3,09082	37	2,73053	2,92436	3,12304	3,32621	3,53351
13 ½	2,22276	2,43390	2,65068	2,87233	3,09817	37 ½	2,75007	2,94361	3,14195	3,34475	3,55166
14	2,23102	2,44198	2,65857	2,88005	3,10574	38	2,77024	2,96348	3,16150	3,36393	3,57045
14 ½	2,23946	2,45025	2,66667	2,88799	3,11351	38 ½	2,79104	2,98402	3,18170	3,38378	3,58992
15	2,24810	2,45872	2,67498	2,89614	3,12152	39	2,81251	3,00526	3,20259	3,40433	3,61011
15 ½	2,25694	2,46740	2,68350	2,90451	3,12976	39 ½	2,83468	3,02712	3,22421	3,42562	3,63103
16	2,26599	2,47630	2,69225	2,91311	3,13823	40	2,85759	3,04979	3,24660	3,44769	3,65276
16 ½	2,27388	2,48392	2,69959	2,92019	3,14506	40 ½	2,88125	3,07323	3,26978	3,47057	3,67531
17	2,28194	2,49171	2,70711	2,92744	3,15205	41	2,90576	3,09751	3,29380	3,49431	3,69873
17 ½	2,29018	2,49967	2,71480	2,93487	3,15923	41 ½	2,93106	3,12265	3,31871	3,51897	3,72307
18	2,29859	2,50782	2,72268	2,94249	3,16661	42	2,95728	3,14870	3,34455	3,54454	3,74838
18 ½	2,30719	2,51615	2,73075	2,95030	3,17416	42 ½	2,98443	3,17570	3,37135	3,57113	3,77472
19	2,31597	2,52468	2,73902	2,95831	3,18192	43	3,01257	3,20372	3,39922	3,59878	3,80213
19 ½	2,32495	2,53341	2,74749	2,96652	3,18990	43 ½	3,04175	3,23280	3,42816	3,62754	3,83069
20	2,33414	2,54234	2,75616	2,97494	3,19808	44	3,07203	3,26300	3,45824	3,65748	3,86045
20 ½	2,34207	2,54990	2,76333	2,98172	3,20449	44 ½	3,10345	3,29439	3,48955	3,68868	3,89150
21	2,35016	2,55760	2,77064	2,98865	3,21103	45	3,13610	3,32703	3,52215	3,72119	3,92390
21 ½	2,35841	2,56546	2,77810	2,99572	3,21772	45 ½	3,17004	3,36100	3,55611	3,75510	3,95773
22	2,36683	2,57348	2,78573	3,00295	3,22455	46	3,20534	3,39637	3,59151	3,79050	3,99310
22 ½	2,37541	2,58168	2,79353	3,01034	3,23154	46 ½	3,23940	3,43038	3,62543	3,82429	4,02673
23	2,38418	2,59005	2,80148	3,01789	3,23869	47	3,27481	3,46577	3,66076	3,85953	4,06184
23 ½	2,39312	2,59859	2,80962	3,02561	3,24600	47 ½	3,31165	3,50263	3,69760	3,89631	4,09854

DÉPARCIEUX.

XII *bis.* Somme de rente payable par semestre, produite par un versement de 100 francs, avec paiement aux héritiers des arrérages échus depuis le dernier semestre payé jusqu'au jour du décès du titulaire, l'argent étant placé à un des taux indiqués en tête de la table et l'âge pris dans la première colonne.

$$R = \frac{2\ P\ Z_a}{\frac{S_a + S_{a+1/2}}{b}}$$

Age.	1 ½ %	1 ¾ %	2 %	2 ¼ %	2 ½ %	Age.	1 ½ %	1 ¾ %	2 %	2 ¼ %	2 ½ %
48	3,35001	3,54105	3,73603	3,93473	4,13692	72	7,64087	7,84295	8,04669	8,25202	8,45889
48 ½	3,38707	3,57805	3,77294	3,97150	4,17351	72 ½	7,82863	8,03126	8,23551	8,44131	8,64862
49	3,42563	3,61659	3,81141	4,00986	4,21174	73	8,02449	8,22770	8,43248	8,63877	8,84654
49 ½	3,46579	3,65674	3,85155	4,04993	4,25171	73 ½	8,22850	8,43230	8,63763	8,84443	9,05267
50	3,50764	3,69866	3,89346	4,09182	4,29354	74	8,44059	8,64497	8,85084	9,05815	9,26686
50 ½	3,54815	3,73910	3,93378	4,13198	4,33352	74 ½	8,66045	8,86541	9,07181	9,27960	9,48876
51	3,59034	3,78124	3,97583	4,17392	4,37529	75	8,88756	9,09303	9,29990	9,50813	9,71769
51 ½	3,63103	3,82175	4,01612	4,21394	4,41502	75 ½	9,14468	9,35114	9,55896	9,76811	9,97855
52	3,67334	3,86391	4,05808	4,25566	4,45646	76	9,41283	9,62031	9,82912	10,03923	10,25058
52 ½	3,71739	3,90783	4,10183	4,29919	4,49974	76 ½	9,69139	9,89990	10,10970	10,32077	10,53305
53	3,76326	3,95362	4,14747	4,34465	4,54498	77	9,97916	10,18867	10,39945	10,61144	10,82463
53 ½	3,81110	4,00139	4,19514	4,39217	4,59232	77 ½	10,27419	10,48462	10,69627	10,90911	11,12311
54	3,86102	4,05129	4,24497	4,44189	4,64189	78	10,57339	10,78455	10,99692	11,21045	11,42509
54 ½	3,90942	4,09952	4,29299	4,48965	4,68935	78 ½	10,91182	11,12427	11,33787	11,55261	11,76845
55	3,95987	4,14983	4,34310	4,53953	4,73896	79	11,25579	11,46936	11,68407	11,89989	12,11678
55 ½	4,01250	4,20235	4,39546	4,59169	4,79088	79 ½	11,59933	11,81374	12,02927	12,24589	12,46355
56	4,06745	4,25723	4,45022	4,64628	4,84526	80	11,93348	12,14827	12,36414	12,58107	12,79903
56 ½	4,12491	4,31464	4,50755	4,70348	4,90228	80 ½	12,30480	12,52029	12,73685	12,95444	13,17303
57	4,18501	4,37476	4,56763	4,76347	4,96215	81	12,65672	12,87222	13,08876	13,30630	13,52482
57 ½	4,24361	4,43322	4,62589	4,82149	5,01988	81 ½	13,04412	13,25983	13,47655	13,69425	13,91290
58	4,30486	4,49435	4,68686	4,88225	5,08038	82	13,39302	13,60783	13,82363	14,04037	14,25802
58 ½	4,36893	4,55835	4,75073	4,94593	5,14384	82 ½	13,86224	14,07760	14,29391	14,51112	14,72922
59	4,43603	4,62542	4,81771	5,01278	5,21050	83	14,29667	14,51149	14,72720	14,94381	15,16128
59 ½	4,50640	4,69580	4,88804	5,08302	5,28060	83 ½	14,90590	15,12227	15,33950	15,55757	15,77646
60	4,58028	4,76975	4,96200	5,15693	5,35442	84	15,50144	15,71859	15,93657	16,15537	16,37496
60 ½	4,65796	4,84754	5,03986	5,23481	5,43227	84 ½	16,20873	16,42764	16,64738	16,86788	17,08918
61	4,73975	4,92951	5,12196	5,31699	5,51449	85	16,88534	17,10500	17,32542	17,54662	17,76854
61 ½	4,82598	5,01601	5,20866	5,40385	5,60145	85 ½	17,69297	17,91437	18,13655	18,35945	18,58303
62	4,91705	5,10742	5,30037	5,49580	5,69361	86	18,43054	18,65204	18,87429	19,09722	19,32085
62 ½	5,00740	5,19799	5,39111	5,58664	5,78450	86 ½	19,30585	19,52822	19,75132	19,97504	20,19948
63	5,10281	5,29367	5,48701	5,68272	5,88072	87	20,01721	20,23746	20,45842	20,67993	20,90210
63 ½	5,20364	5,39488	5,58854	5,78453	5,98275	87 ½	21,28579	21,50878	21,73245	21,95669	22,18152
64	5,31044	5,50215	5,69624	5,89260	6,09115	88	22,48451	22,70829	22,93269	23,15772	23,38321
64 ½	5,42375	5,61606	5,81069	6,00755	6,20656	88 ½	24,10765	24,33508	24,56323	24,79174	25,02088
65	5,54423	5,73727	5,93258	6,13008	6,32967	89	25,60199	25,83035	26,05931	26,28861	26,51862
65 ½	5,66509	5,85875	6,05463	6,25265	6,45273	89 ½	27,73011	27,96378	28,19755	28,43169	28,66636
66	5,79357	5,98799	6,18458	6,38303	6,58398	90	29,59946	29,83338	30,06776	30,30251	30,53796
66 ½	5,92227	6,11732	6,31451	6,51374	6,71495	90 ½	32,46709	32,70712	32,94802	33,18925	33,43074
67	6,05899	6,25482	6,45273	6,65265	6,85450	91	34,76337	35,00306	35,24317	35,48389	35,72462
67 ½	6,19558	6,39204	6,59054	6,79100	6,99337	91 ½	38,76436	39,01207	39,25979	39,50759	39,75654
68	6,34047	6,53770	6,73692	6,93807	7,14106	92	41,44601	41,68876	41,93101	42,17423	42,41723
68 ½	6,48457	6,68240	6,88218	7,08383	7,28731	92 ½	47,65083	47,90144	48,15238	48,40219	48,65449
69	6,63700	6,83554	7,03599	7,23827	7,44233	93	51,41101	51,64485	51,88227	52,11954	52,35676
69 ½	6,78753	6,98657	7,18748	7,39019	7,59468	93 ½	68,22485	68,48650	68,74587	69,01212	69,26576
70	6,94602	7,14559	7,34704	7,55025	7,75515	94	101,87693	102,18940	102,50221	102,80717	103,12909
70 ½	7,11290	7,31320	7,51528	7,71907	7,92452	94 ½	203,00447	203,50020	203,99837	204,49897	205,00205
71	7,28896	7,49003	7,69283	7,89731	8,10341						
71 ½	7,46106	7,66261	7,86586	8,07075	8,27723						

DUVILLARD.

XIII. Table auxiliaire calculée à 3 % par an.

Age. a	SURVIVANTS N_a	Z_a	S_a	Σ_a	Age. a	SURVIVANTS N_a	Z_a	S_a	Σ_a
96	1	1,0000	1,0000	1,0000	47	320	1361,9902	19042,8626	208865,8794
95	1	1,0300	2,0300	3,0300	46	327	1433,5373	20476,3999	229342,2793
94	2	2,1218	4,1518	7,1818	45	334	1508,1513	21984,5512	251326,8305
93	2	2,1855	6,3373	13,5191	44	341	1585,9521	23570,5033	274897,3338
92	3	3,3765	9,7138	23,2329	43	348	1667,0635	25237,5668	300134,9006
91	3	3,4778	13,1916	36,4245	42	355	1751,6143	26989,1811	327124,0817
90	4	4,7762	17,9678	54,3923	41	362	1839,7378	28828,9189	355953,0006
89	5	6,1494	24,1172	78,5095	40	369	1931,5722	30760,4911	386713,4917
88	6	7,6006	31,7178	110,2273	39	376	2027,2609	32787,7520	419501,2437
87	7	9,1334	40,8512	151,0785	38	383	2126,9526	34914,7046	454415,9483
86	9	12,0952	52,9464	204,0249	37	390	2230,8012	37145,5058	491561,4541
85	12	16,6108	69,5572	273,5821	36	397	2338,9664	39484,4722	531045,9263
84	15	21,3864	90,9436	364,5257	35	404	2451,6139	41936,0861	572982,0124
83	19	27,9021	118,8457	483,3714	34	411	2568,9151	44505,0012	617487,0136
82	24	36,3022	155,1479	638,5193	33	418	2691,0480	47196,0492	664683,0628
81	29	45,1811	200,3290	838,8483	32	425	2818,1968	50014,2460	714697,3088
80	35	56,1647	256,4937	1095,3420	31	431	2943,7226	52957,9686	767655,2774
79	41	67,7668	324,2605	1419,6025	30	438	3081,2784	56039,2470	823694,5244
78	48	81,7168	405,9773	1825,5798	29	445	3224,4383	59263,6853	882958,2097
77	56	98,1963	504,1736	2329,7534	28	452	3373,4146	62637,0999	945595,3096
76	63	113,7850	617,9586	2947,7120	27	458	3520,7402	66157,8401	1011753,1497
75	72	133,9412	751,8998	3699,6118	26	465	3681,7872	69839,6273	1081592,7770
74	80	153,2883	905,1881	4604,7999	25	471	3841,1729	73680,8002	1155273,5772
73	89	175,6490	1080,8371	5685,6370	24	478	4015,2083	77696,0085	1232969,5857
72	99	201,2466	1282,0837	6967,7207	23	484	4187,5766	81883,5851	1314853,1708
71	108	226,1280	1508,2117	8475,9324	22	490	4366,6734	86250,2585	1401103,4293
70	118	254,4778	1762,6895	10238,6219	21	496	4552,7471	90803,0056	1491906,4349
69	127	282,1037	2044,7932	12283,4151	20	502	4746,0553	95549,0609	1587455,4958
68	137	313,4461	2358,2393	14641,6544	19	508	4946,8645	100495,9254	1687951,4212
67	147	346,4151	2704,6544	17346,3088	18	514	5155,4508	105651,3762	1793602,7974
66	157	381,0802	3085,7346	20432,0434	17	519	5361,7691	111013,1453	1904615,9427
65	166	415,0133	3500,7479	23932,7913	16	524	5575,8267	116588,9720	2021204,9147
64	176	453,2146	3953,9625	27886,7538	15	529	5797,9020	122386,8740	2143591,7887
63	186	493,3344	4447,2969	32334,0507	14	534	6028,2837	128415,1577	2272006,9464
62	195	532,7215	4980,0184	37314,0691	13	538	6255,6426	134670,8003	2406677,7467
61	204	574,0279	5554,0463	42868,1154	12	543	6503,1939	141173,9942	2547851,7409
60	214	620,2316	6174,2779	49042,3933	11	547	6747,6326	147921,6268	2695773,3677
59	223	665,7055	6839,9834	55882,3767	10	551	7000,8847	154922,5115	2850695,8792
58	232	713,3498	7553,3332	63435,7099	9	555	7263,2590	162185,7705	3012881,6497
57	240	760,0865	8313,4197	71749,1296	8	560	7548,5546	169734,3251	3182615,9748
56	249	812,2474	9125,6671	80874,7967	7	566	7858,3149	177592,6400	3360208,6148
55	257	863,4940	9989,1611	90863,9578	6	573	8194,1677	185786,8077	3545995,4225
54	265	917,0844	10906,2455	101770,2033	5	583	8587,2875	194374,0952	3740369,5177
53	274	976,6776	11882,9231	113653,1264	4	599	9087,6480	203461,7432	3943831,2609
52	282	1035,3495	12918,2726	126571,3990	3	625	9766,5666	213228,3098	4157059,5707
51	289	1092,8812	14011,1538	140582,5528	2	672	10816,0428	224044,3526	4381103,9233
50	297	1156,8280	15167,9818	155750,5346	1	768	12732,0275	236776,3801	4617880,3034
49	305	1223,6280	16391,6098	172142,1444	0	1000	17075,5056	253851,8857	4871732,1891
48	312	1289,2626	17680,8724	189823,0168					

DUVILLARD.

XIV. Table auxiliaire calculée à 3 ½ % par an.

Age. a	SURVIVANTS N_a	Z_a	S_a	Σ_a	Age. a	SURVIVANTS N_a	Z_a	S_a	Σ_a
96	1	1,0000	1,0000	1,0000	47	320	1726,7407	23023,1952	245027,6099
95	1	1,0350	2,0350	3,0350	46	327	1826,2711	24849,4663	269877,0762
94	2	2,1424	4,1774	7,2124	45	334	1930,6534	26780,1197	296657,1959
93	2	2,2174	6,3948	13,6072	44	341	2040,1052	28820,2249	325477,4208
92	3	3,4426	9,8374	23,4446	43	348	2154,8537	30975,0786	356452,4994
91	3	3,5631	13,4005	36,8451	42	355	2275,1354	33250,2140	389702,7134
90	4	4,9170	18,3175	55,1626	41	362	2401,1971	35651,4111	425354,1245
89	5	6,3614	24,6789	79,8415	40	369	2533,2961	38184,7072	463538,8317
88	6	7,9009	32,5798	112,4213	39	376	2671,7006	40856,4078	504395,2395
87	7	9,5403	42,1201	154,5414	38	383	2816,6901	43673,0979	548068,3374
86	9	12,6954	54,8155	209,3569	37	390	2968,5560	46641,6539	594709,9913
85	12	17,5196	72,3351	281,6920	36	397	3127,6021	49769,2560	644479,2473
84	15	22,6660	95,0011	376,6931	35	404	3294,1449	53063,4009	697542,6482
83	19	29,7152	124,7163	501,4094	34	411	3468,5145	56531,9154	754074,5636
82	24	38,8487	163,5650	664,9744	33	418	3651,0545	60182,9699	814257,5335
81	29	48,5851	212,1501	877,1245	32	425	3842,1235	64025,0934	878282,6269
80	35	60,6895	272,8396	1149,9641	31	431	4032,7380	68057,8314	946340,4583
79	41	73,5817	346,4213	1496,3854	30	438	4241,6731	72299,5045	1018639,9628
78	48	89,1594	435,5807	1931,9661	29	445	4460,2936	76759,7981	1095399,7609
77	56	107,6601	543,2408	2475,2069	28	452	4689,0215	81448,8196	1176848,5805
76	63	125,3567	668,5975	3143,8044	27	458	4917,5594	86366,3790	1263214,9595
75	72	148,2791	816,8766	3960,6810	26	465	5167,4637	91533,8427	1354748,8022
74	80	170,5209	987,3975	4948,0785	25	471	5417,3356	96951,1783	1451699,9805
73	89	196,3442	1183,7417	6131,8202	24	478	5690,2727	102641,4510	1554341,4315
72	99	226,0495	1409,7912	7541,6114	23	484	5963,3582	108604,8092	1662946,2407
71	108	255,2305	1665,0217	9206,6331	22	490	6248,5891	114853,3983	1777799,6390
70	118	288,6231	1953,6448	11160,2779	21	496	6546,4810	121399,8793	1899199,5183
69	127	321,5090	2275,1538	13435,4317	20	502	6857,5708	128257,4501	2027456,9684
68	137	358,9636	2634,1174	16069,5491	19	508	7182,4175	135439,8676	2162896,8360
67	147	398,6461	3032,7635	19102,3126	18	514	7521,6029	142961,4705	2305858,3065
66	157	440,6666	3473,4301	22575,7427	17	519	7860,5872	150822,0577	2456680,3642
65	166	482,2352	3955,6653	26531,4080	16	524	8214,0865	159036,1442	2615716,5084
64	176	529,1805	4484,8458	31016,2538	15	529	8582,7014	167618,8456	2783335,3540
63	186	578,8213	5063,6671	36079,9209	14	534	8967,0572	176585,9028	2959921,2568
62	195	628,0678	5691,7349	41771,6558	13	538	9350,4241	185936,3269	3145857,5837
61	204	680,0525	6371,7874	48143,4432	12	543	9767,6303	195703,9572	3341561,5409
60	214	738,3570	7110,1444	55253,5876	11	547	10183,9687	205887,9259	3547449,4668
59	223	796,3387	7906,4831	63160,0707	10	551	10617,4856	216505,4115	3763954,8783
58	232	857,4746	8763,9577	71924,0284	9	555	11068,8733	227574,2848	3991529,1631
57	240	918,0892	9682,0469	81606,0753	8	560	11559,4936	239133,7784	4230662,9415
56	249	985,8557	10667,9026	92273,9779	7	566	12092,2624	251226,0408	4481888,9823
55	257	1053,1433	11721,0459	103995,0238	6	573	12670,2768	263896,3176	4745785,2999
54	265	1123,9334	12844,9793	116840,0031	5	583	13342,5975	277238,9151	5023024,2150
53	274	1202,7784	14047,7577	130887,7608	4	599	14188,5823	291427,4974	5314451,7124
52	282	1281,2223	15328,9800	146216,7408	3	625	15322,6030	306750,1004	5621201,8128
51	289	1358,9816	16687,9616	162904,7024	2	672	17051,4829	323801,5833	5945003,3961
50	297	1445,4815	18133,4431	181038,1455	1	768	20169,4683	343971,0516	6288974,4477
49	305	1536,3716	19669,8147	200707,9602	0	1000	27181,5101	371152,5617	6660127,0094
48	312	1626,6398	21296,4545	222004,4147					

DUVILLARD.

XV. Table auxiliaire calculee à 4 % par an.

Age. a	SURVIVANTS N_a	Z_a	S_a	Σ_a	Age. a	SURVIVANTS N_a	Z_a	S_a	Σ_a
96	1	1,0000	1,0000	1,0000	47	320	2186,6718	27852,7572	287752,9160
95	1	1,0400	2,0400	3,0400	46	327	2323,8855	30176,6427	317929,5587
94	2	2,1632	4,2032	7,2432	45	334	2468,5775	32645,2202	350574,7789
93	2	2,2497	6,4529	13,6961	44	341	2621,1268	35266,3470	385841,1259
92	3	3,5096	9,9625	23,6586	43	348	2781,9302	38048,2772	423889,4031
91	3	3,6500	13,6125	37,2711	42	355	2951,4041	40999,6813	464889,0844
90	4	5,0613	18,6738	55,9449	41	362	3129,9848	44129,6661	509018,7505
89	5	6,5797	25,2535	81,1984	40	369	3318,1298	47447,7959	556466,5464
88	6	8,2114	33,4649	114,6633	39	376	3516,3183	50964,1142	607430,6606
87	7	9,9632	43,4281	158,0914	38	383	3725,0530	54689,1672	662119,8278
86	9	13,3222	56,7503	214,8417	37	390	3944,8603	58634,0275	720753,8553
85	12	18,4735	75,2238	290,0655	36	397	4176,2921	62810,3196	783564,1749
84	15	24,0155	99,2393	389,3048	35	404	4419,9267	67230,2463	850794,4212
83	19	31,6364	130,8757	520,1805	34	411	4676,3699	71906,6162	922701,0374
82	24	41,5602	172,4359	692,6164	33	418	4946,2568	76852,8730	999553,9104
81	29	52,2274	224,6633	917,2797	32	425	5230,2524	82083,1254	1081637,0358
80	35	65,5543	290,2176	1207,4973	31	431	5516,2549	87599,3803	1169236,4161
79	41	79,8639	370,0815	1577,5788	30	438	5830,0799	93429,4602	1262665,8763
78	48	97,2392	467,3207	2044,8995	29	445	6160,1848	99589,6450	1362255,5213
77	56	117,9836	585,3043	2630,2038	28	452	6507,3701	106097,0151	1468352,5364
76	63	138,0408	723,3451	3353,5489	27	458	6857,5012	112954,5163	1581307,0527
75	72	164,0713	887,4164	4240,9653	26	465	7240,8025	120195,3188	1701502,3715
74	80	189,5935	1077,0099	5317,9752	25	471	7627,6015	127822,9203	1829325,2918
73	89	219,3597	1296,3696	6614,3448	24	478	8050,6014	135873,5217	1965198,8135
72	99	253,7671	1550,1367	8164,4815	23	484	8477,7212	144351,2429	2109550,0564
71	108	287,9103	1838,0470	10002,5285	22	490	8926,1296	153277,3725	2262827,4289
70	118	327,1514	2165,1984	12167,7269	21	496	9396,8463	162674,2188	2425501,6477
69	127	366,1878	2531,3862	14699,1131	20	502	9890,9386	172565,1574	2598066,8051
68	137	410,8224	2942,2086	17641,3217	19	508	10409,5232	182974,6806	2781041,4857
67	147	458,4418	3400,6504	21041,9721	18	514	10953,7692	193928,4498	2974969,9355
66	157	509,2134	3909,8638	24951,8359	17	519	11502,7363	205431,1861	3180401,1216
65	166	559,9401	4469,8039	29421,6398	16	524	12078,0947	217509,2808	3397910,4024
64	176	617,4183	5087,2222	34508,8620	15	529	12681,0775	230190,3583	3628100,7607
63	186	678,5989	5765,8211	40274,6831	14	534	13312,9739	243503,3322	3871604,0929
62	195	739,8917	6505,7128	46780,3959	13	538	13949,2044	257452,5366	4129056,6295
61	204	805,0022	7310,7150	54091,1109	12	543	14641,9976	272094,5342	4401151,1637
60	214	878,2416	8188,9566	62280,0675	11	547	15339,8519	287434,3861	4688585,5498
59	223	951,7840	9140,7406	71420,8081	10	551	16070,1074	303504,4935	4992090,0433
58	232	1029,8047	10170,5453	81591,3534	9	555	16834,2395	320338,7330	5312428,7763
57	240	1107,9278	11278,4731	92869,8265	8	560	17665,3353	338004,0683	5650432,8446
56	249	1195,4541	12473,9272	105343,7537	7	566	18568,7910	356572,8593	6007005,7039
55	257	1283,2168	13757,1440	119100,8977	6	573	19550,3780	376123,2373	6383128,9412
54	265	1376,0877	15133,2317	134234,1294	5	583	20687,2342	396810,4715	6779939,4127
53	274	1479,7357	16612,9674	150847,0968	4	599	22105,1791	418915,6506	7198855,0633
52	282	1583,8573	18196,8247	169043,9215	3	625	23987,2561	442902,9067	7641757,9700
51	289	1688,0998	19884,9245	188928,8460	2	672	26822,7417	469725,6484	8111483,6184
50	297	1804,2223	21689,1468	210617,9928	1	768	31880,7444	501606,3928	8613090,0112
49	305	1926,9338	23616,0806	234234,0734	0	1000	43171,8414	544778,2342	9157868,2454
4	312	2050,0048	25666,0854	259900,1588					

DUVILLARD.

XVI. Table auxiliaire calculée à 4 ½ % par an.

Age. a	N_a SURVIVANTS	Z_a	S_a	Σ_a	Age a	N_a SURVIVANTS	Z_a	S_a	Σ_a
96	1	1,0000	1,0000	1,0000	47	320	2765,9747	33713,8661	338265,0673
95	1	1,0450	2,0450	3,0450	46	327	2953,6721	36667,5382	374932,6055
94	2	2,1841	4,2291	7,2741	45	334	3152,6610	39820,1992	414752,8047
93	2	2,2823	6,5114	13,7855	44	341	3363,5778	43183,7770	457936,5817
92	3	3,5776	10,0890	23,8745	43	348	3587,0930	46770,8700	504707,4517
91	3	3,7385	13,8275	37,7020	42	355	3823,9133	50594,7833	555302,2350
90	4	5,2090	19,0365	56,7385	41	362	4074,7836	54669,5669	609971,8019
89	5	6,8043	25,8408	82,5793	40	369	4340,4887	59010,0556	668981,8575
88	6	8,5326	34,3734	116,9527	39	376	4621,8559	63631,9115	732613,7690
87	7	10,4026	44,7760	161,7287	38	383	4919,7566	68551,6681	801165,4371
86	9	13,9767	58,7527	220,4814	37	390	5235,1092	73786,7773	874952,2144
85	12	19,4742	78,2269	298,7083	36	397	5568,8809	79355,6582	954307,8726
84	15	25,4382	103,6651	402,3734	35	404	5922,0911	85277,7493	1039585,6219
83	19	33,6717	137,3368	539,7102	34	411	6295,8131	91573,5624	1131159,1843
82	24	44,4467	181,7835	721,4937	33	418	6691,1779	98264,7403	1229423,9246
81	29	56,1232	237,9067	959,4004	32	425	7109,3766	105374,1169	1334798,0415
80	35	70,7830	308,6897	1268,0901	31	431	7534,1827	112908,2996	1447706,3411
79	41	86,6484	395,3381	1663,4282	30	438	8001,0923	120909,3919	1568615,7330
78	48	106,0070	501,3451	2164,7733	29	445	8494,7670	129404,1589	1698019,8919
77	56	129,2402	630,5853	2795,3586	28	452	9016,6702	138420,8291	1836440,7210
76	63	151,9380	782,5233	3577,8819	27	458	9547,4967	147968,3258	1984409,0468
75	72	181,4574	963,9807	4541,8626	26	465	10129,6230	158097,9488	2142506,9956
74	80	210,6922	1174,6729	5716,5355	25	471	10722,0426	168819,9914	2311326,9870
73	89	244,9428	1419,6157	7136,1512	24	478	11371,0563	180191,0477	2491518,0347
72	99	284,7254	1704,3411	8840,4923	23	484	12031,9097	192222,9574	2683740,9921
71	108	324,5869	2028,9280	10869,4203	22	490	12729,2136	204952,1710	2888693,1631
70	118	370,6001	2399,5281	13268,9484	21	496	13464,9102	218417,0812	3107110,2443
69	127	416,8152	2816,3433	16085,2917	20	502	14241,0428	232658,1240	3339768,3683
68	137	469,8689	3286,2122	19371,5039	19	508	15059,7609	247717,8849	3587486,2532
67	147	526,8534	3813,0656	23184,5695	18	514	15923,3255	263641,2104	3851127,4636
66	157	588,0149	4401,0805	27585,6500	17	519	16801,7417	280442,9521	4131570,4157
65	166	649,7003	5050,7808	32636,4308	16	524	17726,9705	298169,9226	4429740,3383
64	176	719,8367	5770,6175	38407,0483	15	529	18701,4465	316871,3691	4746611,7074
63	186	794,9696	6565,5871	44972,6354	14	534	19727,7281	336599,0972	5083210,8046
62	195	870,9405	7436,5276	52409,1630	13	538	20769,8989	357368,9961	5440579,8007
61	204	952,1390	8388,6666	60797,8296	12	543	21906,2595	379275,2556	5819855,0563
60	214	1043,7590	9432,4256	70230,2552	11	547	23060,6750	402335,9306	6222190,9869
59	223	1136,6000	10569,0256	80799,2808	10	551	24274,6277	426610,5583	6648801,5452
58	232	1235,6829	11804,7085	92603,9893	9	555	25551,1383	452161,6966	7100963,2418
57	240	1335,8158	13140,5243	105744,5136	8	560	26941,4885	479103,1851	7580066,4269
56	249	1448,2748	14588,7991	120333,3127	7	566	28455,5039	507558,6890	8087625,1159
55	257	1562,0720	16150,8711	136484,1838	6	573	30103,7613	537662,4503	8625287,5662
54	265	1683,1781	17834,0492	154318,2330	5	583	32007,4433	569669,8936	9194957,4598
53	274	1818,6581	19652,7073	173970,9403	4	599	34365,7276	604035,6212	9798993,0810
52	282	1955,9867	21608,6940	195579,6343	3	625	37470,9780	641506,5992	10440499,6802
51	289	2094,7438	23703,4378	219283,0721	2	672	42101,7914	683608,3906	11124108,0708
50	297	2249,6026	25953,0404	245236,1125	1	768	50281,5680	733889,9586	11857998,0294
49	305	2414,1569	28367,1973	273603,3098	0	1000	68416,9773	802306,9359	12660304,9653
48	312	2580,6941	30947,8914	304551,2012					

DUVILLARD.

XVII. Table auxiliaire calculée à 5 % par an.

Age. a	SURVIVANTS N_a	Z_a	$\mathcal{S}_a$	Σ_a	Age. a	SURVIVANTS N_a	Z_a	S_a	$\mathcal{S}_a$
96	1	1,0000	1,0000	1,0000	47	320	3494,8266	40827,8705	398018,4410
95	1	1,0500	2,0500	3,0500	46	327	3749,8397	44577,7102	442596,1512
94	2	2.2050	4,2550	7,3050	45	334	4021,6171	48599,3273	491195,4785
93	2	2,3152	6,5702	13,8752	44	341	4311,1976	52910,5249	544106,0034
92	3	3,6465	10,2167	24,0919	43	348	4619,6821	57530,2070	601636,2104
91	3	3,8288	14,0455	38,1374	42	355	4948,2371	62478,4441	664114,6545
90	4	5,3604	19,4059	57,5433	41	362	5298,0984	67776,5425	731891,1970
89	5	7,0355	26,4414	83,9847	40	369	5670,5752	73447,1177	805338,3147
88	6	8,8647	35,3061	119,2908	39	376	6067,0544	79514,1721	884852,4868
87	7	10,8593	46,1654	165,4562	38	383	6489,0052	86003,1773	970855,6641
86	9	14,6600	60,8254	226,2816	37	390	6937,9833	92941,1606	1063796,8247
85	12	20,5241	81,3495	307,6311	36	397	7415,6368	100356,7974	1164153,6221
84	15	26,9378	108,2873	415,9184	35	404	7923,7107	108280,5081	1272434,1302
83	19	35,8273	144,1146	560,0330	34	411	8464,0528	116744,5609	1389178,6911
82	24	47,5184	191,6330	751,6660	33	418	9038,6199	125783,1808	1514961,8719
81	29	60.2889	251,9219	1003,5879	32	425	9649,4836	135432,6644	1650394,5363
80	35	76,4006	328,3225	1331,9104	31	431	10274,9971	145707,6615	1796102,1978
79	41	93,9727	422,2952	1754,2056	30	438	10963,9703	156671,6318	1952773,8296
78	48	115,5177	537,8129	2292,0185	29	445	11696,1532	168367,7850	2121141,6146
77	56	141,5092	679,3221	2971,3406	28	452	12474,1445	180841,9295	2301983,5441
76	63	167,1578	846,4799	3817,8205	27	458	13271,7170	194113,6465	2496097,1906
75	72	200,5893	1047,0692	4864,8897	26	465	14148,2879	208261,9344	2704359,1250
74	80	234,0209	1281,0901	6145,9798	25	471	15047,3887	223309,3231	2927668,4481
73	89	273,3656	1554,4557	7700,4355	24	478	16034,5741	239343,8972	3167012,3453
72	99	319,2849	1873,7406	9574,1761	23	484	17047,6372	256391,5344	3423403,8797
71	108	365,7263	2239,4669	11813,6430	22	490	18121,9201	274513,4545	3697917,3342
70	118	419,5694	2659,0363	14472,6793	21	496	19261,0122	293774,4667	3991691,8009
69	127	474,1489	3133,1852	17605,8645	20	502	20468,7087	314243,1754	4305934,9763
68	137	537,0577	3670,2429	21276,1074	19	508	21749,0224	335992,1978	4641927,1741
67	147	605,0719	4275,3148	25551,4222	18	514	23106,1957	359098,3935	5001025,5676
66	157	678,5450	4953,8598	30505,2820	17	519	24497,5123	383595,9058	5384621,4734
65	166	753,3146	5707,1744	36212,4564	16	524	25970,1951	409566,1009	5794187,5743
64	176	838,6297	6545,8041	42758,2605	15	529	27528,9024	437095,0033	6231282,5776
63	186	930,5931	7476,3972	50234,6577	14	534	29178,5550	466273,5583	6697556,1359
62	195	1024,4029	8500,8001	58735,4578	13	538	30866,9770	497140,5353	7194696,6712
61	204	1125,2671	9626,0672	68361,5250	12	543	32711,5371	529852,0724	7724548,7436
60	214	1239,4487	10865,5159	79227,0409	11	547	34600,1313	564452,2037	8289000,9473
59	223	1356,1537	12221,6696	91448,7105	10	551	36595,8062	601048,0099	8890048,9572
58	232	1481,4307	13703,1003	105151,8108	9	555	38704,5482	639752,5581	9529801,5153
57	240	1609,1403	15312,2406	120464,0514	8	560	41005,8997	680758,4578	10210559,9731
56	249	1752,9572	17065,1978	137529,2492	7	566	43517,5111	724275,9689	10934835,9420
55	257	1899,7410	18964,9388	156494,1880	6	573	46258,4992	770534,4681	11705370,4101
54	265	2056,8207	21021,7595	177515,9475	5	583	49419,0930	819953,5611	12525323,9712
53	274	2233,0087	23254,7682	200770,7157	4	599	53314,1312	873267,6923	13398591,6635
52	282	2413,1164	25667,8846	226438,6003	3	625	58409,6805	931677,3728	14330269,0363
51	289	2596,6673	28264,5519	254703,1522	2	672	65942,1929	997619,5657	15327888,6020
50	297	2801,9747	31066,5266	285769,6788	1	768	79130,6315	1076750,1972	16404638,7992
49	305	3021,3212	34087,8478	319857,5266	0	1000	108186,4103	1184936,6075	17589575,4067
48	312	3245,1961	37333,0439	357190,5705					

MORTALITÉ MOYENNE ENTRE DÉPARCIEUX ET DUVILLARD.

XVIII. Table auxiliaire calculée à 3 % par an.

Age. a	SURVIVANTS N_a	Z_a	S_a	Σ_a	Age. a	SURVIVANTS N_a	Z_a	S_a	Σ_a
95	1	1,0000	1,0000	1,0000	47	463	1913,2326	29195,4461	342919,3914
94	2	2,0600	3,0600	4,0600	46	471	2004,6794	31200,1255	374119,5169
93	2	2,1218	5,1818	9,2418	45	478	2095,5071	33295,6326	407415,1495
92	3	3,2782	8,4600	17,7018	44	485	2189,9803	35485,6129	442900,7624
91	5	5,6275	14,0875	31,7893	43	492	2288,2359	37773,8488	480674,6112
90	7	8,1149	22,2024	53,9917	42	500	2395,2062	40169,0550	520843,6662
89	10	11,9405	34,1429	88,1346	41	506	2496,6672	42665,7222	563509,3884
88	14	17,2182	51,3611	139,4957	40	513	2607,1422	45272,8644	608782,2528
87	18	22,8019	74,1630	213,6587	39	520	2721,9988	47994,8632	656777,1160
86	24	31,3145	105,4775	319,1362	38	527	2841,4003	50836,2635	707613,3795
85	30	40,3175	145,7950	464,9312	37	534	2965,5161	53801,7796	761415,1591
84	37	51,2166	197,0116	661,9428	36	542	3100,2416	56902,0212	818317,1803
83	45	64,1592	261,1708	923,1136	35	549	3234,4901	60136,5113	878453,6916
82	54	79,3008	340,4716	1263,5852	34	557	3380,0716	63516,5829	941970,2745
81	65	98,3183	438,7899	1702,3751	33	564	3525,2266	67041,8095	1009012,0840
80	76	118,4055	557,1954	2259,5705	32	571	3676,0488	70717,8583	1079729,9423
79	89	142,8188	700,0142	2959,5847	31	579	3839,3786	74557,2369	1154287,1792
78	101	166,9376	866,9518	3826,5365	30	586	4002,3699	78559,6068	1232846,7860
77	114	194,0774	1061,0292	4887,5657	29	593	4171,6852	82731,2920	1315578,0780
76	128	224,4488	1285,4780	6173,0437	28	601	4354,8031	87086,0951	1402664,1731
75	141	254,6617	1540,1397	7713,1834	27	608	4537,6904	91623,7855	1494287,9586
74	156	290,2060	1830,3457	9543,5291	26	615	4727,6315	96351,4170	1590639,3756
73	170	325,7375	2156,0832	11699,6123	25	623	4932,8030	101284,2200	1691923,5956
72	185	365,1136	2521,1968	14220,8091	24	630	5137,8746	106422,0946	1798345,6902
71	200	406,5588	2927,7556	17148,5647	23	637	5350,8110	111772,9056	1910118,5958
70	214	448,0685	3375,8241	20524,3888	22	644	5571,8995	117344,8051	2027463,4009
69	228	491,7027	3867,5268	24391,9156	21	651	5801,4375	123146,2426	2150609,6435
68	242	537,5519	4405,0787	28796,9943	20	658	6039,7331	129185,9757	2279795,6192
67	255	583,4216	4988,5003	33785,4946	19	665	6287,1051	135473,0808	2415268,7000
66	268	631,5594	5620,0597	39405,5543	18	671	6534,1458	142007,2266	2557275,9266
65	281	682,0606	6302,1203	45707,6746	17	677	6790,3506	148797,5772	2706073,5038
64	292	730,0234	7032,1437	52739,8183	16	683	7056,0468	155853,6240	2861927,1278
63	304	782,8252	7814,9689	60554,7872	15	689	7331,5736	163185,1976	3025112,3254
62	316	838,1379	8653,1068	69207,8940	14	694	7606,3214	170791,5190	3195903,8444
61	327	893,3329	9546,4397	78754,3337	13	699	7890,9556	178682,4746	3374586,3190
60	338	951,0854	10497,5251	89251,8588	12	704	8185,8222	186868,2968	3561454,6158
59	349	1011,4990	11509,0241	100760,8829	11	709	8491,2790	195359,5758	3756814,1916
58	360	1074,6817	12583,7058	113344,5887	10	715	8820,0316	204179,6074	3960993,7990
57	371	1140,7447	13724,4505	127069,0392	9	721	9160,8672	213340,4746	4174334,2736
56	381	1206,6373	14931,0878	142000,1270	8	728	9527,3019	222867,7765	4397202,0501
55	391	1275,4568	16206,5446	158206,6716	7	736	9920,9575	232788,7340	4629990,7841
54	401	1347,3195	17553,8641	175760,5357	6	745	10343,5417	243132,2757	4873123,0598
53	411	1422,3460	18976,2101	194736,7458	5	757	10825,4536	253957,7293	5127080,7891
52	421	1500,6616	20476,8717	215213,6175	4	773	11385,8889	265343,6182	5392424,4073
51	430	1578,7245	22055,5962	237269,2137	3	797	12091,5784	277435,1966	5669859,6039
50	439	1660,1206	23715,7168	260984,9305	2	838	13095,0125	290530,2091	5960389,8130
49	447	1741,0845	25456,8013	286441,7318	1	919	14791,5823	305321,7914	6265711,6044
48	455	1825,4122	27282,2135	313723,9453	0	1143	18948,8378	324270,6292	6589982,2336

MORTALITÉ MOYENNE ENTRE DÉPARCIEUX ET DUVILLARD.

XIX. Table auxiliaire calculée à 3 ½ % par an.

Age. a	SURVIVANTS N_a	Z_a	S_a	Σ_a	Age. a	SURVIVANTS N_a	Z_a	S_a	Σ_a
95	1	1,0000	1,0000	1,0000	47	463	2413,8917	34998,4613	398403,8129
94	2	2,0700	3,0700	4,0700	46	471	2541,5464	37540,0077	435943,8206
93	2	2,1424	5,2124	9,2824	45	478	2669,5950	40209,6027	476153,4233
92	3	3,3262	8,5386	17,8210	44	485	2803,4937	43013,0964	519166,5197
91	5	5,7376	14,2762	32,0972	43	492	2943,4949	45956,5913	565123,1110
90	7	8,3138	22,5900	54,6872	42	500	3096,0541	49052,6454	614175,7564
89	10	12,2925	34,8825	89,5697	41	506	3242,8689	52295,5143	666471,2707
88	14	17,8119	52,6944	142,2641	40	513	3402,8014	55698,3157	722169,5864
87	18	23,7026	76,3970	218,6611	39	520	3569,9566	59268,2723	781437,8587
86	24	32,7095	109,1065	327,7676	38	527	3744,6441	63012,9164	844450,7751
85	30	42,3180	151,4245	479,1921	37	534	3927,1867	66940,1031	911390,8782
84	37	54,0189	205,4434	684,6355	36	542	4125,5317	71065,6348	982456,5130
83	45	67,9981	273,4415	958,0770	35	549	4325,0719	75390,7067	1057847,2197
82	54	84,4536	357,8951	1315,9721	34	557	4541,6800	79932,3867	1137779,6064
81	65	105,2151	463,1102	1779,0823	33	564	4759,7133	84692,1000	1222471,7064
80	76	127,3265	590,4367	2369,5190	32	571	4987,4453	89679,5453	1312151,2517
79	89	154,3248	744,7615	3114,2805	31	579	5234,3282	94913,8735	1407065,1252
78	101	181,2623	926,0238	4040,3043	30	586	5483,0266	100396,9001	1507462,0253
77	114	211,7537	1137,7775	5178,0818	29	593	5742,7218	106139,6219	1613601,6472
76	128	246,0801	1383,8576	6561,9394	28	601	6023,9021	112163,5240	1725765,1712
75	141	280,5602	1664,4178	8226,3572	27	608	6307,3563	118470,8803	1844236,0515
74	156	321,2712	1985,6890	10212,0462	26	615	6603,2730	125074,1533	1969310,2048
73	170	362,3569	2348,0459	12560,0921	25	623	6923,2901	131997,4434	2101307,6482
72	185	408,1311	2756,1770	15316,2691	24	630	7246,1177	139243,5611	2240551,2093
71	200	456,6657	3212,8427	18529,1118	23	637	7583,0622	146826,6233	2387377,8326
70	214	505,7344	3718,5771	22247,6889	22	644	7934,7163	154761,3396	2542139,1722
69	228	557,6786	4276,2557	26523,9446	21	651	8301,6969	163063,0365	2705202,2087
68	242	612,6392	4888,8949	31412,8395	20	658	8684,6461	171747,6826	2876949,8913
67	255	668,1439	5557,0388	36969,8783	19	665	9084,2323	180831,9149	3057781,8062
66	268	726,7833	6283,8221	43253,7004	18	671	9487,0121	190318,9270	3248100,7332
65	281	788,7091	7072,5312	50326,2316	17	677	9906,8583	200225,7853	3448326,5185
64	292	848,2691	7920,8003	58247,0319	16	683	10344,4722	210570,2575	3658896,7760
63	304	914,0392	8834,8395	67081,8714	15	689	10800,5832	221370,8407	3880267,6167
62	316	983,3737	9818,2132	76900,0846	14	694	11259,7255	232630,5662	4112898,1829
61	327	1053,2212	10871,4344	87771,5190	13	699	11737,7771	244368,3433	4357266,5262
60	338	1126,7535	11998,1879	99762,7069	12	704	12235,4992	256603,8425	4613870,3687
59	349	1204,1428	13202,3307	112972,0376	11	709	12753,6830	269357,5255	4883227,8942
58	360	1285,5692	14487,8999	127459,9375	10	715	13311,7690	282669,2945	5165897,1887
57	371	1371,2201	15859,1200	143319,0575	9	721	13893,2979	296562,5924	5462459,7811
56	381	1457,4667	17316,5867	160635,6442	8	728	14519,1707	311081,7631	5773541,5442
55	391	1548,0707	18864,6574	179500,3016	7	736	15192,1773	326274,2404	6099815,7846
54	401	1643,2314	20507,8888	200008,1904	6	745	15916,4938	342190,7342	6442006,5188
53	411	1743,1570	22251,0458	222259,2362	5	757	16738,9172	358929,6514	6800936,1702
52	421	1848,0646	24099,1104	246358,3466	4	773	17690,9569	376620,6083	7177556,7785
51	430	1953,6369	26052,7473	272411,0939	3	797	18878,6312	395499,2395	7573056,0180
50	439	2064,3354	28117,0827	300528,1766	2	838	20544,5460	416043,7855	7989099,8035
49	447	2175,5227	30292,6054	330820,7820	1	919	23318,9178	439362,7033	8428462,5068
48	455	2291,9642	32584,5696	363405,3516	0	1143	30017,8415	469380,5448	8897843,0516

MORTALITÉ MOYENNE ENTRE DÉPARCIEUX ET DUVILLARD.

XX. Table auxiliaire calculée à 4 % par an.

Age. a	SURVIVANTS N_a	Z_a	S_a	Σ_a	Age. a	SURVIVANTS N_a	Z_a	S_a	Σ_a
95	1	1,0000	1,0000	1,0000	47	463	3042,1546	41989,9463	463425,2825
94	2	2,0800	3,0800	4,0800	46	471	3218,5076	45208,4539	508633,7364
93	2	2,1632	5,2432	9,3232	45	478	3396,9946	48605,4485	557239,1849
92	3	3,3746	8,6178	17,9410	44	485	3584,6111	52190,0596	609429,2445
91	5	5,8493	14,4671	32,4081	43	492	3781,8016	55971,8612	665401,1057
90	7	8,5166	22,9837	55,3918	42	500	3997,0261	59968,8873	725369,9930
89	10	12,6532	35,6369	91,0287	41	506	4206,7901	64175,6774	789545,6704
88	14	18,4230	54,0599	145,0886	40	513	4435,5862	68611,2636	858156,9340
87	18	24,6342	78,6941	223,7827	39	520	4675,9552	73287,2188	931444,1528
86	24	34,1595	112,8536	336,6363	38	527	4928,4568	78215,6756	1009659,8284
85	30	44,4073	157,2609	493,8972	37	534	5193,6770	83409,3526	1093069,1810
84	37	56,9598	214,2207	708,1179	36	542	5482,3443	88891,6969	1181960,8779
83	45	72,0464	286,2671	994,3850	35	549	5775,2754	94666,9723	1276627,8502
82	54	89,9140	376,1811	1370,5661	34	557	6093,8098	100760,7821	1377388,6323
81	65	112,5589	488,7400	1859,3061	33	564	6417,2084	107177,9905	1484566,6228
80	76	136,8717	625,6117	2484,9178	32	571	6756,7287	113934,7192	1598501,3420
79	89	166,6953	792,3070	3277,2248	31	579	7125,4497	121060,1689	1719561,5109
78	101	196,7379	989,0449	4266,2697	30	586	7500,0588	128560,2277	1848121,7386
77	114	230,9431	1219,9880	5486,2577	29	593	7893,2360	136453,4637	1984575,2023
76	128	269,6767	1489,6647	6975,9224	28	601	8319,7103	144773,1740	2129348,3763
75	141	308,9483	1798,6130	8774,5354	27	608	8753,2766	153526,4506	2282874,8269
74	156	355,4878	2154,1008	10928,6362	26	615	9208,2166	162734,6672	2445609,4941
73	170	402,8862	2556,9870	13485,6232	25	623	9701,1182	172435,7854	2618045,2795
72	185	455,9725	3012,9595	16498,5827	24	630	10202,5243	182638,3097	2800683,5892
71	200	512,6608	3525,6203	20024,2030	23	637	10728,5212	193366,8309	2994050,4201
70	214	570,4889	4096,1092	24120,3122	22	644	11280,2737	204647,1046	3198697,5247
69	228	632,1232	4728,2324	28848,5446	21	651	11859,0008	216506,1054	3415203,6301
68	242	697,7753	5426,0077	34274,5523	20	658	12465,9776	228972,0830	3644175,7131
67	255	764,6693	6190,6770	40465,2293	19	665	13102,5381	242074,6211	3886250,3342
66	268	835,7985	7026,4755	47491,7048	18	671	13749,5868	255824,2079	4142074,5421
65	281	911,3946	7937,8701	55429,5749	17	677	14427,4353	270251,6432	4412326,1853
64	292	984,9548	8922,8249	64352,3998	16	683	15137,5123	285389,1555	4697715,3408
63	304	1066,4499	9989,2748	74341,6746	15	689	15881,3116	301270,4671	4998985,8079
62	316	1152,8884	11142,1632	85483,8378	14	694	16636,4230	317906,8901	5316892,6980
61	327	1240,7414	12382,9046	97866,7424	13	699	17426,5332	335333,4233	5652226,1213
60	338	1333,7781	13716,6827	111583,4251	12	704	18253,2340	353586,6573	6005812,7786
59	349	1432,2725	15148,9552	126732,3803	11	709	19118,1884	372704,8457	6378517,6243
58	360	1536,5124	16685,4676	143417,8479	10	715	20051,1775	392756,0232	6771273,6475
57	371	1646,7998	18332,2674	161750,1153	9	721	21028,2167	413784,2399	7185057,8874
56	381	1758,8354	20091,1028	181841,2181	8	728	22081,6691	435865,9090	7620923,7964
55	391	1877,1991	21968,3019	203809,5200	7	736	23217,2978	459083,2068	8080007,0032
54	401	2002,2176	23970,5195	227780,0395	6	745	24441,2532	483524,4600	8563531,4632
53	411	2134,2342	26104,7537	253884,7932	5	757	25828,3353	509352,7953	9072884,2585
52	421	2273,6085	28378,3622	282263,1554	4	773	27429,2145	536782,0098	9609666,2683
51	430	2415,1015	30793,4637	313056,6191	3	797	29412,0663	566194,0761	10175860,3444
50	439	2564,2761	33357,7398	346414,3589	2	838	32162,1130	598356,1891	10774216,5335
49	447	2715,4458	36073,1856	382487,5445	1	919	36681,6959	635037,8850	11409254,4185
48	455	2874,6061	38947,7917	421435,3362	0	1143	47447,5141	682485,3991	12091739,8176

MORTALITÉ MOYENNE ENTRE DÉPARCIEUX ET DUVILLARD.

XXI. Table auxiliaire calculée à 4 ½ % par an.

Age. a	SURVIVANTS N_a	Z_a	S_a	Σ_a	Age. a	SURVIVANTS N_a	Z_a	S_a	Σ_a
95	1	1,0000	1,0000	1,0000	47	463	3829,6839	50416,1103	539681,7654
94	2	2,0900	3,0900	4,0900	46	471	4071,1690	54487,2793	594169,0447
93	2	2,1841	5,2741	9,3641	45	478	4317,6001	58804,8794	652973,9241
92	3	3,4235	8,6976	18,0617	44	485	4577,9658	63382,8452	716356,7693
91	5	5,9626	14,6602	32,7219	43	492	4853,0214	68235,8666	784592,6359
90	7	8,7233	23,3835	56,1054	42	500	5153,8693	73389,7359	857982,3718
89	10	13,0226	36,4061	92,5115	41	506	5450,4229	78840,1588	936822,5306
88	14	19,0521	55,4582	147,9697	40	513	5774,4861	84614,6449	1021437,1755
87	18	25,5978	81,0560	229,0257	39	520	6116,6779	90731,3228	1112168,4983
86	24	35,6663	116,7223	345,7480	38	527	6477,9736	97209,2964	1209377,7947
85	30	46,5891	163,3114	509,0594	37	534	6859,3996	104068,6960	1313446,4907
84	37	60,0456	223,3570	732,4164	36	542	7275,4594	111344,1554	1424790,6461
83	45	76,3146	299,6716	1032,0880	35	549	7701,0470	119045,2024	1543835,8485
82	54	95,6985	395,3701	1427,4581	34	557	8164,8632	127210,0656	1671045,9141
81	65	120,3764	515,7465	1943,2046	33	564	8639,5100	135849,5756	1806895,4897
80	76	147,0814	662,8279	2606,0325	32	571	9140,3412	144989,9168	1951885,4065
79	89	179,9909	842,8188	3448,8513	31	579	9685,4801	154675,3969	2106560,8034
78	101	213,4511	1056,2699	4505,1212	30	586	10243,6916	164919,0885	2271479,8919
77	114	251,7666	1308,0365	5813,1577	29	593	10832,5291	175751,6176	2447231,5095
76	128	295,4061	1603,4426	7416,6003	28	601	11472,7078	187224,3254	2634455,8349
75	141	340,0517	1943,4943	9360,0946	27	608	12128,6183	199352,9437	2833808,7786
74	156	393,1576	2336,6519	11696,7465	26	615	12820,3286	212173,2723	3045982,0509
73	170	447,7208	2784,3727	14481,1192	25	623	13571,5165	225744,7888	3271726,8397
72	185	509,1507	3293,5234	17774,6426	24	630	14341,5857	240086,3745	3511813,2142
71	200	575,2028	3868,7262	21643,3688	23	637	15153,4788	255239,8533	3767053,0675
70	214	643,1629	4511,8891	26155,2579	22	644	16009,4005	271249,2538	4038302,3213
69	228	716,0748	5227,9639	31383,2218	21	651	16911,6695	288160,9233	4326463,2446
68	242	794,2464	6022,2103	37405,4321	20	658	17862,7236	306023,6469	4632486,8915
67	255	874,5735	6896,7838	44302,2159	19	665	18865,1264	324888,7733	4957375,6648
66	268	960,5217	7857,3055	52159,5214	18	671	19891,9283	344780,7016	5302156,3664
65	281	1052,4344	8909,7399	61069,2613	17	677	20972,9404	365753,6420	5667910,0084
64	292	1142,8463	10052,5862	71121,8475	16	683	22110,9625	387864,6045	6055774,6129
63	304	1243,3542	11295,9404	82417,7879	15	689	23308,9364	411173,5409	6466948,1538
62	316	1350,5935	12646,5339	95064,3218	14	694	24534,6008	435708,1417	6902656,2955
61	327	1460,5004	14107,0343	109171,3561	13	699	25823,3744	461531,5161	7364187,8116
60	338	1577,5636	15684,5979	124855,9540	12	704	27178,4551	488709,9712	7852897,7828
59	347	1702,2049	17386,8028	142242,7568	11	709	28603,2007	517313,1719	8370210,9547
58	360	1834,8696	19221,6724	161464,4292	10	715	30143,2954	547456,4673	8917667,4220
57	371	1976,0272	21197,6996	182662,1288	9	721	31764,0772	579220,5445	9496887,9665
56	381	2120,6075	23318,3071	205980,4359	8	728	33515,7273	612736,2718	10109624,2383
55	391	2274,1987	25592,5058	231572,9417	7	736	35408,8134	648145,0852	10757769,3235
54	401	2437,3185	28029,8243	259602,7660	6	745	37454,6827	685599,7679	11443369,0914
53	411	2610,5138	30640,3381	290243,1041	5	757	39770,5887	725370,3566	12168739,4480
52	421	2794,3614	33434,6995	323677,8036	4	773	42438,6856	767809,0422	12936548,4902
51	430	2982,5329	36417,2324	360095,0360	3	797	45725,3504	813534,3926	13750082,8828
50	439	3181,9811	39599,2135	399694,2495	2	838	50241,0874	863775,4800	14613858,3628
49	447	3385,7657	42984,9792	442679,2287	1	919	57576,7058	921352,1858	15535210,5486
48	455	3601,4472	46586,4264	489265,6551	0	1143	74833,1149	996185,3007	16531395,8493

MORTALITÉ MOYENNE ENTRE DÉPARCIEUX ET DUVILLARD.

XXII. Table auxiliaire calculée à 5 % par an.

Age. a	SURVIVANTS N_a	Z_a	S_a	Σ_a	Age. a	SURVIVANTS N_a	Z_a	S_a	Σ_a
95	1	1,0000	1,0000	1,0000	47	463	4815,7878	60574,1800	629179,3502
94	2	2,1000	3,1000	4,1000	46	471	5143,9479	65718,1279	694897,4781
93	2	2,2050	5,3050	9,4050	45	478	5481,4171	71199,5450	766097,0231
92	3	3,4729	8,7779	18,1829	44	485	5839,7733	77039,3183	843136,3414
91	5	6,0775	14,8554	33,0383	43	492	6220,2617	83259,5800	926395,9214
90	7	8,9340	23,7894	56,8277	42	500	6637,4743	89897,0543	1016292,9757
89	10	13,4010	37,1904	94,0181	41	506	7052,9802	96950,0345	1113243,0102
88	14	19,6994	56,8898	150,9079	40	513	7508,0787	104458,1132	1217701,1234
87	18	26,5942	83,4840	234,3919	39	520	7991,0545	112449,1677	1330150,2911
86	24	37,2319	120,7159	355,1078	38	527	8503,5577	120952,7254	1451103,0165
85	30	48,8668	169,5827	524,6905	37	534	9047,3336	130000,0590	1581103,0755
84	37	63,2825	232,8652	757,5557	36	542	9642,0179	139642,0769	1720745,1524
83	45	80,8135	313,6787	1071,2344	35	549	10254,8731	149896,9500	1870642,1024
82	54	101,8250	415,5037	1486,7381	34	557	10924,5219	160821,4719	2031463,5749
81	65	128,6956	544,1993	2030,9374	33	564	11614,9046	172436,3765	2203899,9508
80	76	157,9985	702,1978	2733,1352	32	571	12347,0143	184783,3908	2388683,3416
79	89	194,2759	896,4737	3629,6089	31	579	13146,0023	197929,3931	2586612,7347
78	101	231,4938	1127,9675	4757,5764	30	586	13970,1817	211899,5748	2798512,3095
77	114	274,3546	1402,3221	6159,8985	29	593	14843,9141	226743,4889	3025255,7984
76	128	323,4496	1725,7717	7885,6702	28	601	15796,3777	242539,8666	3267795,6650
75	141	374,1150	2099,8867	9985,5569	27	608	16779,3802	259319,2468	3527114,9118
74	156	434,6102	2534,4969	12520,0538	26	615	17821,1921	277140,4389	3804255,3507
73	170	497,2944	3031,7913	15551,8451	25	623	18955,6631	296096,1020	4100351,4527
72	185	568,2319	3600,0232	19151,8683	24	630	20127,0805	316223,1825	4416574,6352
71	200	645,0200	4245,0432	23396,9115	23	637	21368,2505	337591,4330	4754166,0682
70	214	724,6800	4969,7232	28366,6347	21	644	22683,2197	360274,6527	5114440,7209
69	228	810,6934	5780,4166	34147,0513	21	651	24076,2653	384350,9180	5498791,6389
68	242	903,4964	6683,9130	40830,9643	20	658	25551,9073	409902,8253	5908694,4642
67	255	999,6329	7683,5459	48514,5102	19	665	27114,9229	437017,7482	6345712,2124
66	268	1103,1243	8786,6702	57301,1804	18	671	28727,5473	465745,2955	6811457,5079
65	281	1214,4658	10001,1360	67302,3164	17	677	30433,6468	496178,9423	7307636,4502
64	292	1325,1075	11326,2435	78628,5599	16	683	32238,5374	528417,4797	7836053,9299
63	304	1448,5422	12774,7857	91403,3456	15	689	34147,8329	562565,3126	8398619,2425
62	316	1581,0076	14355,7933	105759,1389	14	694	36115,4221	598680,7347	8997299,9772
61	327	1717,8448	16073,6381	121832,7770	13	699	38194,4006	636875,1353	9634175,1125
60	338	1864,4132	17938,0513	139770,8283	12	704	40390,9885	677266,1238	10311441,2363
59	349	2021,3438	19959,3951	159730,2234	11	709	42711,7491	719977,8729	11031419,1092
58	360	2189,3065	22148,7016	181878,9250	10	715	45226,8627	765204,7356	11796623,8448
57	371	2369,0121	24517,7137	206396,6387	9	721	47886,7083	813091,4439	12609715,2887
56	381	2554,5102	27072,2239	233468,8626	8	728	50769,2092	863860,6531	13473575,9418
55	391	2752,6356	29824,8595	263293,7221	7	736	53893,4682	917754,1213	14391330,0631
54	401	2964,1872	32789,0467	296082,7688	6	745	57280,1162	975034,2375	15366364,3006
53	411	3190,0125	35979,0592	332061,8280	5	757	61112,8863	1036147,1238	16402511,4244
52	421	3431,0098	39410,0690	371471,8970	4	773	65524,8008	1101671,9246	17504183,3490
51	430	3679,5746	43089,6436	414561,5406	3	797	70937,1663	1172609,0909	18676792,4399
50	439	3944,4184	47034,0620	461595,6026	2	838	78315,6996	1250924,7905	19927717,2304
49	447	4217,1134	51251,1754	512846,7780	1	919	90179,8739	1341104,6644	21268821,8948
48	455	4507,2168	55758,3922	568605,1702	0	1143	117768,6352	1458873,2996	22727695,1944

TABLEAU ARITHMÉTIQUE

De l'opération faite au N° 100, indiquant, dans cette première partie, la Recette et le Paiement des Primes versées aux héritiers des têtes décédées, et des Pensions.

AGE.	SURVIVANTS.	VERSEMENT ANNUEL.	MONTANT des VERSEMENTS.	EN CAISSE au commencement de L'ANNÉE.	INTÉRÊT à 4 1/2 p. 0/0.	EN CAISSE à la fin DE L'ANNÉE.	DÉCÈS.	SOMMES A REMBOURSER PAR DÉCÈS.	MONTANT des décès A REMBOURSER.	MONTANT DES PENSIONS A PAYER.	TOTAL à PAYER.	RESTE.
36	686	150	102900	»	4635,50	107535,50	8	150	1200	»	1200	106330,50
37	678	150	101700	208030,50	9361,37	217391,87	7	300	2100	»	2100	215291,87
38	671	150	100650	315941,87	14217,38	330159,25	7	450	3150	»	3150	327009,25
39	664	150	99600	426609,25	19197,42	445806,67	7	600	4200	»	4200	441606,67
40	657	165	108405	550011,67	24750,53	574762,20	7	765	5355	»	5355	569407,20
41	650	165	107250	676657,20	30449,57	707106,77	7	930	6510	»	6510	700596,77
42	643	165	106095	806691,77	36301,13	842992,90	7	1095	7665	»	7665	835327,90
43	636	165	104940	940267,90	42312,06	982579,96	7	1260	8820	»	8820	973759,96
44	629	165	103785	1077544,96	48489,52	1126034,48	7	1425	9975	»	9975	1116059,48
45	622	180	111960	1228019,48	55260,88	1283280,36	7	1605	11235	»	11235	1272045,36
46	615	180	110700	1382745,36	62223,54	1444968,90	8	1785	14280	»	14280	1430688,90
47	607	180	109260	1539948,90	69297,70	1609246,60	8	1965	15720	»	15720	1593526,60
48	599	180	107820	1701346,60	76560,60	1777907,20	9	2145	19305	»	19305	1758602,20
49	590	180	106200	1864802,20	83916,10	1948718,30	9	2325	20925	»	20925	1927793,30
50	581	180	104580	2032373,30	91456,80	2123830,10	10	2505	25050	»	25050	2098780,10
51	571	180	102780	2201560,10	99070,02	2300630,12	11	2685	29535	»	29535	2271095,12
52	560	180	100800	2371895,12	106735,28	2478630,40	11	2865	31515	»	31515	2447115,40
53	549	180	94820	2545935,40	114567,09	2660502,49	11	3045	33495	»	33495	2627007,49
54	538	180	96840	2723847,49	»	»	»	»	»	»	»	»
55	526	»	»	2723847,49	122573,14	2846420,63	12	3225	38700	168113,01	206813,01	2639607,62
56	514	»	»	2639607,63	118782,36	2758389,97	12	3225	38700	164277,76	202977,76	2555412,21
57	502	»	»	2555412,21	114993,55	2670405,76	12	3225	38700	160442,46	199142,46	2471263,30
58	489	»	»	2471263,30	111206,85	2582470,15	13	3225	41925	156287,57	198212,57	2384257,58
59	476	»	»	2384257,58	107291,59	2491549,17	13	3225	41925	152132,69	194057,69	2297491,48
60	463	»	»	2297491,48	103387,12	2400878,60	13	3225	41925	147977,80	189902,80	2210975,80
61	450	»	»	2210975,80	99493,91	2310469,71	13	3225	41925	143822,92	185747,92	2124721,79
62	437	»	»	2124721,79	95612,48	2220334,27	13	3225	41925	139668,04	181593,04	2038741,23
63	423	»	»	2038741,23	91743,36	2130484,59	14	3225	45150	135193,54	180343,54	1950141,05
64	409	»	»	1950141,05	87756,34	2037897,39	14	3225	45150	130719,05	175869,05	1862028,34
65	395	»	»	1862028,34	83791,28	1945819,62	14	3225	45150	126244,56	171394,56	1774425,06
66	380	»	»	1774425,06	79849,13	1854274,19	15	3225	48375	121450,47	169825,47	1684448,72
67	364	»	»	1684448,72	75800,19	1760248,91	16	3225	51600	116336,76	167936,76	1592312,15
68	347	»	»	1592312,15	71654,05	1663966,20	17	3225	54825	110903,45	165728,45	1498237,75
69	329	»	»	1498237,75	67420,70	1565658,45	18	3225	58050	105150,54	163200,54	1402457,91
70	310	»	»	1402457,91	63110,61	1465568,52	19	3225	61275	99078,01	160353,01	1305215,51
71	291	»	»	1305215,51	58734,70	1363950,21	19	3225	61275	93005,49	154280,49	1209669,72
72	271	»	»	1209669,72	54435,14	1264104,86	20	3225	64500	86613,36	151113,36	1112991,50
73	251	»	»	1112991,50	50084,62	1163076,12	20	3225	64500	80221,23	144721,23	1018354,89
74	231	»	»	1018354,89	45825,97	1064180,86	20	3225	64500	73829,10	138329,10	925851,76
75	211	»	»	925851,76	41663,33	967515,09	20	3225	64500	67436,97	131936,97	835578,12
76	192	»	»	835578,12	37601,02	873179,14	19	3225	61275	61364,45	122639,45	750539,69
77	173	»	»	750539,69	33774,29	784313,98	19	3225	61275	55291,92	116561,92	667752,06
78	154	»	»	667752,06	30048,84	697800,90	19	3225	61275	49219,40	110494,40	587306,50
79	136	»	»	587306,50	26428,80	613735,30	18	3225	58050	43466,48	101516,48	512218,82

SUITE DU TABLEAU PRÉCÉDENT

Indiquant le Paiement des Pensions et des Primes versées.

AGE.	SURVIVANTS.	VERSEMENT ANNUEL.	MONTANT des VERSEMENTS.	EN CAISSE au commencement de L'ANNÉE.	INTÉRÊT à 4 1/2 p. 0/0.	EN CAISSE à la fin DE L'ANNÉE.	DÉCÈS.	SOMMES A REMBOURSER PAR DÉCÈS.	MONTANT des décès A REMBOURSER.	MONTANT DES PENSIONS A PAYER.	TOTAL à PAYER.	RESTE.
80	118	»	»	512218,82	23049,85	535268,47	18	3225	58050	37713,57	95763,57	439505,10
81	101	»	»	439505,10	19777,73	459282,83	17	3225	54825	32280,26	87105,26	372177,57
82	85	»	»	372177,57	16747,99	388925,56	16	3225	51600	27166,55	78766,55	310159,01
83	71	»	»	310159,01	13957,15	324116,16	14	3225	45150	22692,06	67847,06	256269,10
84	59	»	»	256269,10	11532,11	267801,21	12	3225	38700	18856,78	57556,78	210244,43
85	48	»	»	210244,43	9461,00	219705,43	11	3225	35475	15341,11	50816,11	168889,32
86	38	»	»	168889,32	7600,02	176489,34	10	3225	32250	12145,05	44395,05	132094,29
87	29	»	»	132094,29	5944,24	138038,53	9	3225	29025	9268,59	38293,59	99744,94
88	22	»	»	99744,94	4488,52	104233,46	7	3225	22575	7031,34	29606,34	74627,12
89	16	»	»	74627,12	3358,22	77985,34	6	3225	19350	5113,70	24463,70	53521,64
90	11	»	»	53521,64	2408,47	55930,11	5	3225	16125	3515,67	19640,67	36289,44
91	7	»	»	36289,44	1633,02	37922,46	4	3225	12900	2237,24	15137,24	22785,22
92	4	»	»	22785,22	1025,33	23810,55	3	3225	9675	1278,43	10953,43	12857,12
93	2	»	»	12857,12	578,57	13435,69	2	3225	6450	639,21	7089,21	6346,48
94	1	»	»	6346,48	285,59	6632,07	1	3225	3225	319,61	3544,61	3087,46
				3087,46	138,90	3226,40	1	3225	3225	»	3225 »	En plus, 1 f. 40

Paris. — Imp. de Pommeret et Moreau, 42, rue Vavin.

TABLES AUXILIAIRES

Pour calculer l'annuité nécessaire pour le remboursement d'un emprunt.

A

ANNÉES.	ACTIONS OU OBLIGATIONS sorties.	ACTIONS OU OBLIGATIONS à rembourser	Z_a	S_a
15	115	115	115,0000	115,0000
14	110	225	236,2500	351,2500
13	105	330	363,8250	715,0750
12	100	430	497,7788	1212,8538
11	95	525	638,1408	1850,9946
10	90	615	784,9132	2635,9078
9	85	700	938,0669	3573,9747
8	80	780	1097,5383	4671,5130
7	75	855	1263,2244	5934,7374
6	70	925	1434,9786	7369,7160
5	65	990	1612,6057	8982,3217
4	60	1050	1795,8563	10778,1780
3	55	1105	1984,4212	12762,5992
2	50	1155	2177,9248	14940,5240
1	45	1200	2375,9179	17316,4419

B

ACTIONS de JOUISSANCE.	D_a	SD_a
»	»	»
1085	1085,0000	1085,0000
975	1023,7500	2108,7500
870	959,1750	3067,9250
770	891,3713	3959,2963
675	820,4667	4779,7630
585	746,6247	5526,3877
500	670,0478	6196,4355
420	590,9822	6787,4177
345	509,7221	7297,1398
275	426,6153	7723,7551
210	342,0679	8065,8230
150	256,5509	8322,3739
95	170,6064	8492,9803
45	84,8542	8577,8345

TABLEAU ARITHMÉTIQUE

Pour prouver que l'annuité 107511 fr. 40 c. calculée n° 8 satisfait parfaitement.

C

ANNÉES.	PAYEMENTS. INTÉRÊT.	PAYEMENTS. rembour-sement.	PAYEMENTS. ACTION de jouissance	PAYEMENTS. TOTAL.	SOMME DISPONIBLE	RESTE.	INTÉRÊTS.	RESTE et INTÉRÊT.	ANNUITÉ.	SOMME DISPONIBLE
1	36000	45000	»	81000	107511,40	26511,40	1325,57	27836,97	107511,40	135348,37
2	34650	50000	900	85550	135348,37	49798,37	2489,92	52288,29	107511,40	159799,69
3	33150	55000	1900	90050	159799,69	69749,69	3487,48	73237,17	107511,40	180748,57
4	31500	60000	3000	94500	180748,57	86248,57	4312,42	90560,99	107511,40	198072,39
5	29700	65000	4200	98900	198072,39	99172,39	4958,62	104131,01	107511,40	211642,41
6	27750	70000	5500	103250	211642,41	108392,41	5419,62	113812,03	107511,40	221323,43
7	25650	75000	6900	107550	221323,43	113773,43	5688,67	119462,10	107511,40	226973,50
8	23400	80000	8400	111800	226973,50	115173,50	5758,67	120932,17	107511,40	228443,57
9	21000	85000	10000	116000	228443,57	112443,57	5622,18	118065,75	107511,40	225577,15
10	18450	90000	11700	120150	225577,15	105427,15	5271,36	110698,51	107511,40	218209,91
11	15750	95000	13500	124250	218209,91	93959,91	4698,00	98657,91	107511,40	206169,31
12	12900	100000	15400	128300	206169,31	77869,31	3893,47	81762,78	107511,40	189274,28
13	9900	105000	17400	132300	189274,28	56974,28	2848,71	59822,99	107511,40	167334,39
14	6750	110000	19500	136250	167334,39	31084,39	1554,21	32638,60	107511,40	140150,00
15	3450	115000	21700	140150	140150,00	»	»	»	»	»

La colonne des intérêts s'obtient (en commençant par en bas) en multipliant par 30 les nombres de la colonne (table A) des actions à rembourser; celle des remboursements en multipliant par 1000 les nombres de la colonne des actions sorties; et, enfin, celle des actions de jouissance en multipliant par 20 les nombres (Table B) de la colonne des actions de jouissance.

TABLE AUXILIAIRE

Pour opérer les calculs de l'emprunt énoncé au n° 13.

D

ANNÉES.	OBLIGATIONS		Z_a	S_a	$\frac{S_a}{b}$
	SORTIES.	A REMBOURSER.			
1926	2452	»	»	»	»
1925	2380	2452	2452,0000	2452,0000	2380,5825
24	2311	4832	4976,9600	7428,9600	7212,5825
23	2244	7143	7578,0087	15006,9687	14569,8725
22	2178	9387	10257,4283	25264,3970	24528,5408
21	2115	11565	13016,5094	38280,9064	37165,9285
20	2053	13680	15858,8693	54139,7757	52562,8890
19	1993	15733	18786,0248	72925,8005	70801,7480
18	1935	17726	21800,7442	94726,5447	91967,5191
17	1879	19661	24905,9665	119632,5112	116148,0691
16	1824	21540	28104,8143	147737,3255	143434,2966
15	1771	23364	31399,2623	179136,5878	173919,0173
14	1719	25135	34792,7183	213929,3061	207698,3554
13	1669	26854	38287,3829	252216,6890	244870,5719
12	1621	28523	41886,9870	294103,6760	285537,5495
11	1574	30144	45595,5045	339699,1805	329805,0297
10	1528	31718	49415,6106	389114,7911	377781,3506
9	1483	33246	53350,0703	442464,8614	429577,5353
8	1440	34729	57401,7453	499866,6067	485307,3851
7	1398	36169	61575,3013	561441,9080	545089,2312
6	1357	37567	65873,9618	627315,8698	609044,5338
5	1318	38924	70301,0735	697616,9433	677298,0032
4	1279	40242	74861,9741	772478,9174	749979,5315
3	1242	41521	79558,5297	852037,4471	827220,8224
2	1206	42763	84396,4799	936433,9270	909159,1525
1	1171	43969	89379,9242	1025813,8512	995935,7779
1900	1137	45140	94513,1358	1120326,9870	1087696,1039
1899	1104	46277	99800,5742	1220127,5612	1184589,8652
98	1072	47381	105246,8946	1325374,4558	1286771,3163
97	1040	48453	110856,9599	1436231,4157	1394399,4327
96	1010	49493	116633,4968	1552864,9125	1507635,8374
95	981	50503	122584,0365	1675448,9490	1626649,4650
94	952	51484	128714,1367	1804163,0857	1751614,6463
93	924	52436	135027,0396	1939190,1253	1882708,8595
92	898	53360	141528,6084	2080718,7337	2020115,2754
91	871	54258	148227,7178	2228946,4515	2164025,6811
90	846	55129	155125,4230	2384071,8745	2314632,8879
89	821	55975	162231,1295	2546303,0040	2472138,8388
88	797	56796	169548,9345	2715851,9385	2636749,4549
87	774	57593	177086,0050	2892937,9435	2808677,6150
86	752	58367	184849,8637	3077787,8072	2988143,5021
85	730	59119	192848,4121	3270636,2193	3175374,9702
84	708	59849	201086,5911	3471722,8104	3370604,6703
83	688	60557	209569,3610	3681292,1714	3574070,0693
82	668	61245	218308,8296	3899661,0010	3786020,3893
81	648	61913	227310,6244	4126911,6254	4006710,3159
80	629	62561	236580,4173	4363492,0427	4236400,0412
	63190				

ANNÉES.	OBLIGATIONS		Z_a	S_a	$\frac{S_a}{b}$
	SORTIES.	A REMBOURSER.			
D	63190	D		D	D
1779	611	63190	246127,8127	4609619,8554	4475359,0829
78	594	63801	255962,9148	4865582,7702	4723866,7670
77	576	64395	266096,3598	5131679,1300	4982212,7475
76	559	64971	276530,8332	5408209,9632	5250689,2846
75	543	65530	287277,3615	5695487,3247	5529599,3444
74	527	66073	298347,5571	5993834,8818	5819257,1672
73	512	66600	309749,0009	6303583,8827	6119984,3521
72	497	67112	321494,1617	6625078,0444	6432114,6062
71	482	67609	333591,2470	6958669,2914	6755989,6033
70	468	68091	346048,5796	7304717,8710	7091959,0981
69	455	68559	358879,8361	7663597,7071	7440386,1234
68	441	69014	372099,4325	8035697,1396	7801647,7083
67	429	69455	385711,4651	8421408,6047	8176124,8589
66	416	69884	399736,6904	8821145,2951	8564218,7331
65	404	70300	414179,6979	9235324,9930	8966334,9447
64	392	70704	429056,7032	9664381,6962	9382894,8507
63	381	71096	444378,5614	10108760,2576	9814330,3472
62	370	71477	460162,7640	10568923,0216	10261090,3122
61	359	71847	476421,1356	11045344,1572	10723635,1041
60	348	72206	493165,7330	11538509,8902	11202436,7866
59	338	72554	510408,8446	12048918,7348	11697979,3542
58	328	72892	528170,2333	12577088,9681	12210765,9884
57	319	73220	546463,3049	13123552,2730	12741312,8864
56	310	73539	565309,4229	13688861,6959	13290156,9863
55	301	73849	584723,2302	14273584,9261	13857849,4428
54	292	74150	604719,6897	14878304,6158	14444955,9377
53	283	74442	625314,0856	15503618,7014	15052056,9916
52	275	74725	646522,0286	16150140,7300	15679748,2816
1851		75000	668368,3740	16818509,1040	16328649,6155
	75000				

TABLEAU ARITHMÉTIQUE

Pour prouver que l'annuité 1262548 *fr.* 50 *c.* (*calculée n°* 13) *peut satisfaire aux payements pendant les* 75 *ans que doit durer l'opération.*

E

ANNÉES.	DÉPENSES.			FONDS DISPONIBLE.	RESTE.	INTÉRÊT à 3 0/0.	SOMME du reste et de l'intérêt.	ANNUITÉ.	FONDS DISPONIBLE.
	Intérêt à 15 fr.	Rembours^ut 500.	TOTAL.						
1852	1125000	137500	1262500	1262548,50	+ 48,50	+ 1,46	+ 49,96	1262548,50	1262598,46
53	1120875	141500	1262375	1262598,46	+ 223,46	+ 6,70	+ 230,16	1262548,50	1262778,66
54	1116630	146000	1262630	1262778,66	+ 148,66	+ 4,46	+ 153,12	1262548,50	1262701,62
55	1112250	150500	1262750	1262701,62	— 48,38	— 1,45	— 49,83	1262548,50	1262498,67
56	1107735	155000	1242735	1262498,67	— 236,33	— 7,09	— 243,42	1262548,50	1262305,08
57	1103085	159500	1262585	1262305,08	— 279,92	— 8,40	— 288,32	1262548,50	1262260,18
58	1098300	164000	1262300	1262260,18	— 39,82	— 1,19	— 41,01	1262548,50	1262507,49
59	1093380	169000	1262380	1262507,49	+ 127,49	+ 3,82	+ 131,31	1262548,50	1262679,81
60	1088310	174000	1242310	1262679,81	+ 369,81	+ 11,09	+ 380,90	1262548,50	1262929,40
61	1083090	179500	1262590	1262929,40	+ 339,40	+ 10,18	+ 349,58	1262548,50	1262898,08

ANNÉES.	DÉPENSES.			FONDS DISPONIBLE.	RESTE.	INTÉRÊT à 3 0/0.	SOMME du reste et de l'intérêt.	ANNUITÉ.	FONDS DISPONIBLE.
	Intérêt à 15 fr.	Rembours^{nt} 500.	TOTAL.						
1862	1077705	185000	1262705	1262898,08	+ 193,08	+ 5,79	+ 198,87	1262548,50	1262747,37
63	1072155	190500	1262655	1262747,37	+ 92,37	+ 2,77	+ 95,14	1262548,50	1262643,64
64	1066440	196000	1262440	1262643,64	+ 203,64	+ 6,11	+ 209,75	1262548,50	1262758,25
65	1060560	202000	1262560	1262758,25	+ 198,25	+ 5,95	+ 204,20	1262548,50	1262752,70
66	1054500	208000	1262500	1262752,70	+ 252,70	+ 7,58	+ 260,28	1262548,50	1262808,78
67	1048260	214500	1262760	1262808,78	+ 48,78	+ 1,46	+ 50,24	1262548,50	1262598,74
68	1041825	220500	1262325	1262598,74	+ 273,74	+ 8,21	+ 281,95	1262548,50	1262830,45
69	1035210	227500	1262710	1262830,45	+ 120,45	+ 3,61	+ 124,06	1262548,50	1262672,56
70	1028385	234000	1262385	1262672,56	+ 287,56	+ 8,63	+ 296,19	1262548,50	1262844,69
71	1021365	241000	1262365	1262844,69	+ 479,69	+ 14,39	+ 494,08	1262548,50	1263042,58
72	1014135	248500	1262635	1263042,58	+ 407,58	+ 12,23	+ 419,81	1262548,50	1262968,31
73	1006680	256000	1262680	1262968,31	+ 288,31	+ 8,65	+ 296,96	1262548,50	1262845,46
74	999000	263500	1262500	1262845,46	+ 345,46	+ 10,36	+ 355,82	1262548,50	1262904,32
75	991095	271500	1262595	1262904,32	+ 309,32	+ 9,28	+ 318,60	1262548,50	1262867,10
76	982950	279500	1262450	1262867,10	+ 417,10	+ 12,51	+ 429,61	1262548,50	1262978,11
77	974565	288000	1262565	1262978,11	+ 413,11	+ 12,39	+ 425,50	1262548,50	1262974,00
78	965925	297000	1262925	1262974,00	+ 49,00	+ 1,47	+ 50,47	1262548,50	1262598,97
79	957015	305500	1262515	1262598,97	+ 83,97	+ 2,52	+ 86,49	1262548,50	1262634,99
80	947850	314500	1262350	1262634,99	+ 284,99	+ 8,55	+ 293,54	1262548,50	1262842,04
81	938415	324000	1262415	1262842,04	+ 427,04	+ 12,81	+ 439,85	1262548,50	1262988,35
82	928695	334000	1262695	1262988,35	+ 293,35	+ 8,80	+ 302,15	1262548,50	1262850,65
83	918675	344000	1262675	1262850,65	+ 175,65	+ 5,27	+ 180,92	1262548,50	1262729,42
84	908355	354000	1262355	1262729,42	+ 374,42	+ 11,23	+ 385,65	1262548,50	1262934,15
85	897735	365000	1262735	1262934,15	+ 199,15	+ 5,97	+ 205,12	1262548,50	1262753,62
86	886785	376000	1262785	1262753,62	— 31,38	— 0,94	— 32,32	1262548,50	1262516,18
87	875505	387000	1262505	1262516,18	+ 11,18	+ 0,34	+ 11,52	1262548,50	1262560,02
88	863895	398500	1262395	1262560,02	+ 165,02	+ 4,95	+ 169,97	1262548,50	1262718,47
89	851940	410500	1262440	1262718,47	+ 278,47	+ 8,35	+ 286,82	1262548,50	1262835,32
90	839625	423000	1262425	1262835,32	+ 210,32	+ 6,31	+ 216,63	1262548,50	1262765,13
1891	826935	435500	1262435	1262765,13	+ 330,13	+ 9,90	+ 340,03	1262548,50	1262888,53
1892	813870	449000	1262870	1262888,53	+ 18,53	+ 0,56	+ 19,09	1262548,50	1262567,59
93	800400	462000	1262400	1262567,59	+ 167,59	+ 5,03	+ 172,62	1262548,50	1262721,12
94	786540	476000	1262540	1262721,12	+ 181,12	+ 5,43	+ 186,55	1262548,50	1262735,05
95	772260	490500	1262760	1262735,05	— 24,95	— 0,75	— 25,70	1262548,50	1262522,80
96	757545	505000	1262545	1262522,80	— 22,20	— 0,67	— 22,87	1262548,50	1262525,63
97	742395	520000	1262395	1262525,63	+ 130,63	+ 3,92	+ 134,55	1262548,50	1262683,05
98	726795	536000	1262795	1262683,05	— 111,95	— 3,36	— 115,31	1262548,50	1262433,19
1899	710715	552000	1262715	1262433,19	— 281,81	— 8,45	— 290,26	1262548,50	1262258,24
1900	694155	568500	1262655	1262258,24	— 396,76	— 11,90	— 408,66	1262548,50	1262139,84
1	677100	585500	1262600	1262139,84	— 460,16	— 13,80	— 473,96	1262548,50	1262074,54
2	659535	603000	1262535	1262074,54	— 460,46	— 13,81	— 474,27	1262548,50	1262074,23
3	641445	621000	1262445	1262074,23	— 370,77	— 11,12	— 381,89	1262548,50	1262166,61
4	622815	639500	1262315	1262166,61	— 148,39	— 4,45	— 152,84	1262548,50	1262395,66
5	603630	659000	1262630	1262395,66	— 234,34	— 7,03	— 241,37	1262548,50	1262307,13
6	583860	678500	1262360	1262307,13	— 52,87	— 1,59	— 54,46	1262548,50	1262494,04
7	563505	699000	1262505	1262494,04	— 10,96	— 0,33	— 11,29	1262548,50	1262537,21
8	542535	720000	1262535	1262537,21	+ 2,21	+ 0,07	+ 2,28	1262548,50	1262550,78
9	520935	741500	1262435	1262550,78	+ 115,78	+ 3,47	+ 119,25	1262548,50	1262667,75
10	498690	764000	1262690	1262667,75	— 22,25	— 0,67	— 22,92	1262548,50	1262525,58
1911	475770	787000	1262770	1262525,58	— 244,42	— 7,33	— 251,75	1262548,50	1262296,75

ANNÉES.	DÉPENSES.			FONDS DISPONIBLE.	RESTE.	INTÉRÊT à 3 0/0.	SOMME du reste et de l'intérêt.	ANNUITÉ.	FONDS. DISPONIBLE.
	Intérêt 15 fr.	Remboursе^{nt} 500.	TOTAL.						
1912	452160	810500	1262660	1262296,75	— 363,25	— 10,90	— 374,15	1262548,50	1262174,35
13	427845	834500	1262345	1262174,35	— 170,65	— 5,12	— 175,77	1262548,50	1262372,73
14	402810	859500	1262310	1262372,73	+ 62,73	+ 1,88	+ 64,61	1262548,50	1262613,11
15	377025	885500	1262525	1262613,11	+ 88,11	+ 2,64	+ 90,75	1262548,50	1262639,25
16	350460	912000	1262460	1262639,25	+ 179,25	+ 5,38	+ 184,63	1262548,50	1262733,13
17	323100	939500	1262600	1262733,13	+ 133,13	+ 3,99	+ 137,12	1262548,50	1262685,62
18	294915	967500	1262415	1262685,62	+ 270,62	+ 8,12	+ 278,74	1262548,50	1262827,24
19	265890	996500	1262390	1262827,24	+ 437,24	+ 13,12	+ 450,36	1262548,50	1262998,86
20	235995	1026500	1262495	1262998,86	+ 503,86	+ 15,12	+ 518,98	1262548,50	1263067,48
21	205200	1057500	1262700	1263067,48	+ 367,48	+ 11,02	+ 378,50	1262548,50	1262927,00
22	173445	1089000	1262445	1262927,00	+ 482,00	+ 14,46	+ 496,46	1262548,50	1263044,96
23	140805	1122000	1262805	1263044,96	+ 239,96	+ 7,20	+ 247,16	1262548,50	1262795,66
24	107145	1155500	1262645	1262795,66	+ 150,66	+ 4,52	+ 155,18	1262548,50	1262703,68
25	72480	1190000	1262480	1262703,68	+ 223,68	+ 6,71	+ 230,39	1262548,50	1262778,89
1926	36780	1226000	1262780	1262778,89	— 1,11	»	»	»	»

TABLE AUXILIAIRE

Pour servir aux calculs indiqués au n° 15.

F

ANNÉES.	OBLIGATIONS existantes chaque année.	Z_a	Sa	$\frac{Sa}{b}$
1926	»	»	»	»
25	2452	2452,0000	2452,0000	2335,2381
24	4832	5073,6000	7525,6000	7167,2381
23	7143	7875,1575	15400,7575	14667,3881
22	9387	10866,6259	26267,3834	25016,5556
21	11565	14057,3298	40324,7132	38404,4888
20	13680	17459,5317	57784,2449	55032,6142
19	15733	21083,7247	78867,9696	75112,3520
18	17726	24942,2620	103810,2316	98866,8872
17	19661	29048,2514	132858,4830	126531,8886
16	21540	33415,6099	166274,0929	158356,2790
15	23364	38057,4941	204331,5870	194601,5114
14	25135	42989,3798	247320,9668	235543,7779
13	26854	48225,9259	295546,8927	281473,2311
12	28523	53784,3704	349331,2631	332696,4410
11	30144	59683,0582	409014,3213	389537,4489
10	31718	65939,4440	474953,7653	452336,9193
9	33246	72571,8486	547525,6139	521452,9656
8	34729	79599,5042	627125,1181	597262,0173
7	36169	87045,0109	714170,1290	680162,0276
6	37567	94929,9382	809100,0672	770571,4926
5	38924	103276,9601	912377,0273	868930,5022
1904	40242	112112,7065	1024489,7338	975704,5084

ANNÉES.	OBLIGATIONS existantes chaque année.	Z_a	S_a	$\frac{S_a}{b}$
3	41521	121459,7504	1145949,4842	1091380,4618
2	42763	131347,5705	1277297,0547	1216473,3854
1	43969	141804,4193	1419101,4740	1351525,2133
1900	45140	152860,0620	1571961,5360	1497106,2248
1899	46277	164545,8651	1736507,4011	1653816,5725
98	47381	176894,8939	1913502,2950	1822383,1381
97	48453	189942,0172	2103444,3122	2003280,2973
96	49493	203719,8903	2307164,2115	2197299,2490
95	50503	218271,0560	2525435,2675	2405176,4453
94	51484	233636,4250	2759071,6926	2627687,3263
93	52436	249854,4709	3008926,1635	2865643,9652
92	53360	266970,1405	3275896,3040	3119901,2419
91	54258	285036,1542	3560932,4582	3391364,2459
90	55129	304092,4113	3865024,8695	3680976,0662
89	55975	324196,9084	4189121,7779	3989639,7885
88	56796	345399,5886	4534521,3665	4318591,7776
87	57593	367758,7936	4902280,1601	4668838,2477
86	58367	391336,2104	5293616,3705	5041539,4005
85	59119	416197,0925	5709813,4630	5437917,5838
84	59849	442403,0988	6152216,5618	5859253,8684
83	60557	470018,4573	6622235,0191	6306890,4944
82	61245	499126,3511	7121361,3702	6782248,9240
81	61913	529798,8453	7651160,2155	7286819,2529
80	62561	562111,0724	8213271,2879	7822163,1313
79	63590	596150,7744	8809422,0623	8389925,7736
78	63801	632010,8615	9441432,9238	8991840,8798
77	64395	669789,7591	10111222,6829	9629735,8885
76	64971	709569,9348	10820792,6177	10305516,7788
75	65530	751458,7076	11572251,3253	11021191,7384
74	66073	795569,7810	12367821,1063	11778877,2441
73	66600	842011,0301	13209832,1364	12580792,5108
72	67112	890908,3558	14100740,4922	13429276,6592
71	67609	942381,3053	15043121,7975	14326782,6643
70	68091	996554,7450	16039676,5425	15275882,4214
69	68559	1053574,4308	17093250,9733	16279286,6412
68	69014	1113594,9335	18206845,9068	17339853,2444
67	69455	1176746,3549	19383592,2617	18460564,0588
66	69884	1243215,4542	20626807,7159	19644578,7771
65	70300	1313146,7681	21939954,4840	20895194,7468
64	70704	1386727,8175	23326682,3015	22215887,9062
63	71096	1464136,9790	24790819,2805	23610304,0767
62	71477	1545582,3784	26336401,6589	25082287,2942
61	71847	1631262,2243	27967663,8832	26635870,3650
60	72206	1721383,8598	29689047,7430	28275283,5648
59	72554	1816164,1526	31505211,8956	30004963,7100
58	72892	1915856,1793	33421068,0749	31829588,6428
57	73220	2020701,0225	35441769,0974	32754065,8071
56	73539	2130979,9119	37572749,0093	35783570,4850
55	73849	2246961,0990	39819710,1083	37923533,4365
54	74150	2368925,4260	42188635,5343	40179652,8899
53	74442	2497166,8764	44685802,4107	42557907,0578
52	74725	2631993,1570	47317795,5677	45064567,2074
1851	75000	2773763,2800	50091558,8477	47706246,5216

TABLEAU

Indiquant les valeurs annuelles.

G

ANNÉES.	VALEURS ANNUELLES.	VALEUR annuelle d'une obligation achetée 300 fr. en 1858.	ANNÉES.	VALEURS ANNUELLES.	VALEUR annuelle d'une obligation achetée 300 fr. en 1858.	ANNÉES.	VALEURS ANNUELLES.	VALEUR annuelle d'une obligation achetée 300 fr. en 1858.
1851	328,09	»	1876	354,76	325,16	1901	404,69	385,27
52	328,78	»	77	356,23	326,93	2	407,38	388,51
53	329,57	»	78	357,73	328,74	3	410,14	391,83
54	330,39	»	79	359,27	330,59	4	412,93	395,19
55	331,22	»	80	360,84	332,48	5	415,86	398,72
56	332,08	»	81	362,46	334,43	6	418,83	402,29
57	332,96	»	82	364,11	336,42	7	421,86	405,94
58	333,86	300,00	83	365,82	338,48	8	424,97	409,68
59	334,79	301,12	84	367,56	340,57	9	428,17	413,53
60	335,74	302,26	85	369,34	342,71	10	431,40	417,42
61	336,72	303,44	86	371,17	344,91	11	434,73	421,43
62	337,72	304,64	87	373,03	347,15	12	438,14	425,53
63	338,74	305,87	88	374,96	349,47	13	441,63	429,73
64	339,80	307,15	89	376,94	351,85	14	445,18	434,00
65	340,88	308,45	90	378,95	354,27	15	448,87	438,49
66	341,98	309,77	91	381,02	356,76	16	452,62	443,00
67	343,13	311,16	92	383,14	359,32	17	456,44	447,60
68	344,29	312,56	93	385,31	361,94	18	460,36	452,32
69	345,49	314,00	94	387,53	364,61	19	464,37	457,15
70	346,71	315,47	95	389,81	367,35	20	468,48	462,09
71	347,97	316,99	96	392,14	370,16	21	472,68	467,14
72	349,27	318,55	97	394,53	373,04	22	476,98	472,31
73	350,59	320,14	98	396,98	375,99	23	481,38	478,60
74	351,95	321,18	99	399,49	379,01	24	485,89	484,02
1875	353,34	323,45	1900	402,06	382,10	1925	500,00	500,00

TABLE AUXILIAIRE

Pour servir aux calculs de l'exemple cité au n° 19.

H

ANNÉES.	ACTIONS existantes.	Z_a	ACTIONS de jouissance.	D_a	ANNÉES.	ACTIONS existantes.	Z_a	ACTIONS de jouissance.	D_a
							28755,8637		197480,9649
90	400	400,0000	»	»	80	4180	6808,7796	16160	25069,4640
89	796	835,8000	19580	19580,0000	79	4536	7758,0993	15800	25736,5352
88	1188	1309,7700	19184	20143,2000	78	4888	8778,1457	15444	26414,4811
87	1576	1824,4170	18792	20718,1800	77	5236	9873,2589	15092	27103,0637
86	1960	2382,3922	18404	21304,9305	76	5580	11048,0183	14744	27802,0109
85	2340	2986,4988	18020	21903,4226	75	5920	12307,2548	14400	28511,0150
84	2716	3639,6998	17640	22513,6067	74	6256	13656,0634	14060	29229,7302
83	3088	4345,1261	17264	23135,4111	73	6588	15099,8167	13724	29957,7709
82	3456	5106,0860	16892	23768,7403	72	6916	16644,1786	13392	30694,7093
81	3820	5926,0738	16524	24413,4737	71	7240	18295,1194	13064	31440,0736
		28755,8637		197480,9649			149024,5984		479639,8189

TABLE AUXILIAIRE

Pour servir aux calculs de l'exemple cité au n° 19.

H

ANNÉES.	ACTIONS existantes.	Z_a	ACTIONS de jouissance.	D_a
»	»	149024,5984	»	479639,8189
70	7560	20058,9307	12740	32193,3455
69	7876	21942,2414	12420	32953,9576
68	8188	23952,0348	12104	33721,2912
67	8496	26095,6659	11792	34494,6744
66	8800	28380,8795	11484	35273,3789
65	9100	30815,8300	11180	36056,6173
64	9396	33409,1006	10880	36843,5417
63	9688	36169,7248	10584	37633,2398
62	9976	39107,2083	10292	38424,7324
61	10260	42231,5505	10004	39216,9719
		451187,7649		836451,5696
60	10540	45553,2727	9720	40008,8380
59	10816	49083,4351	9440	40799,1361
58	11088	52833,6710	9164	41586,5939
57	11356	56816,2091	8892	42369,8596
56	11620	61043,9034	8624	43147,4980
55	11880	65530,2626	8360	43917,9890
54	12136	70289,4807	8100	44679,7245
53	12388	75336,4692	7844	45431,0058
52	12636	80686,8910	7592	46170,0415
51	12880	86357,1948	7344	46894,9452
		1094718,5545		1271457,2012
50	13120	92364,6519	7100	47603,7332
49	13356	98727,3937	6860	48294,3226
48	13588	105464,4516	6624	48964,5295
47	13816	112595,7983	6392	49612,0676
46	14040	120142,3899	6164	50234,5470
45	14260	128126,2111	5940	50829,4727
44	14476	136570,3214	5720	51394,2446
43	14688	145498,9034	5504	51926,1570
42	14896	154937,3127	5292	52422,3990
41	15100	164912,1303	5084	52880,0549
		2354058,1188		1775618,7293
40	15300	175451,2166	4880	53296,1057
39	15496	186583,7684	4680	53667,4310
38	15688	198340,3760	4484	53990,8116
37	15876	210753,0852	4292	54262,9331
36	16060	223855,4595	4104	54480,3894
		3349042,0245		1995316,4001

ANNÉES.	ACTIONS existantes.	Z_a	ACTIONS de jouissance.	D_a
»	»	3348830,1277	»	1994930,7481
35	16240	237682,6461	3920	54639,6888
34	16416	252271,4429	3740	54737,2596
33	16588	267660,3697	3564	54769,4580
32	16756	283889,7405	3392	54732,5762
31	16920	301001,7384	3224	54622,8529
		4691547,9622		2318818,2356
30	17080	319040,4950	3060	54436,4846
29	17236	338052,1705	2900	54169,6391
28	17388	358085,0370	2744	53818,4704
27	17536	379189,5657	2592	53379,1360
26	17680	401418,5161	2444	52847,8158
25	17820	424827,0280	2300	52220,7346
24	17956	449472,7172	2160	51494,1852
23	18088	475415,7736	2024	50664,5567
22	18216	502719,0635	1892	49728,3638
21	18340	531448,2327	1764	48682,2803
		888216,5615		2840259,9021
20	18460	561671,8153	1640	47523,1789
19	18576	593461,3447	1520	46248,1668
18	18688	626891,4670	1404	44854,6365
17	18796	662040,0586	1292	43340,3133
16	18900	698988,3466	1184	41703,3108
15	19000	737821,0325	1080	39942,1912
14	19096	778626,4189	980	38056,0322
13	19188	821496,5392	884	36044,4991
12	19276	866527,2907	792	33907,9247
11	19360	913818,5704	704	31647,3964
		16142559,4454		3243527,5521
10	19440	963474,4142	620	29264,8509
9	19516	1015603,1380	540	26763,1782
8	19588	1070317,4820	464	24146,3341
7	19656	1127734,7585	392	21519,4636
6	19720	1187976,9998	324	18589,0345
5	19780	1251171,1104	260	15662,9828
4	19836	1317449,0225	200	12650,8707
3	19888	1386947,8458	144	9564,0582
2	19936	1459810,0295	92	6415,8891
1	19980	1536183,5178	44	3221,8921
	S_1	28459227,7639	SD_1	3411326,1062

Paris. — Imp. Pommeret et Moreau, 42, rue Vavin.